空调器维修三部曲

全彩图解空调器电控系统维修

李志锋　主编

机械工业出版社

本书作者有超过 10 年的维修经验，并且一直工作在维修第一线，书中很多内容都是作者长期维修经验的总结，非常有价值。本书采用电路原理图和实物照片相结合，并在图片上增加标注的方法来介绍空调器维修所必须掌握的基本知识和检修方法，重点介绍空调器电控系统维修知识，主要内容包括挂式空调器电控系统维修、单相和三相供电柜式空调器电控系统维修、变频空调器电控系统维修基础、变频空调器室内机和室外机电控系统维修等。另外，本书附赠有视频维修资料（通过"机械工业出版社 E 视界"微信公众号下载），内含空调器维修实际操作视频文件，能带给读者更直观的感受，便于读者学习理解。

　　本书适合初学、自学空调器维修人员阅读，也适合空调器维修售后服务人员、技能提高人员阅读，还可以作为职业院校、培训学校空调器相关专业学生的参考书。

图书在版编目（CIP）数据

全彩图解空调器电控系统维修/李志锋主编. —北京：机械工业出版社，2017.4

　　（空调器维修三部曲）

ISBN 978-7-111-56191-0

Ⅰ. ①全…　Ⅱ. ①李…　Ⅲ. ①空气调节器 – 电子系统 – 维修 – 图解　Ⅳ. ①TM925. 120. 7 – 64

中国版本图书馆 CIP 数据核字（2017）第 039224 号

机械工业出版社（北京市百万庄大街 22 号　邮政编码 100037）

策划编辑：刘星宁　责任编辑：朱　林

责任校对：刘　岚　封面设计：路恩中

责任印制：李　飞

北京新华印刷有限公司印刷

2017 年 4 月第 1 版第 1 次印刷

184mm×260mm · 15 印张 · 351 千字

0001—4000 册

标准书号：ISBN 978-7-111-56191-0

定价：49.80 元

近年来，随着全球气候逐渐变暖和人民生活水平的提高，空调器已成为人们生产和生活的必备电器。 空调器正在进入千家万户。 随之而来的是空调器维修服务的需求在不断增加，这也促使不断有新人涌入这一行业，而他们急需在较短时间内掌握空调器维修所需的基本技能，以便实现快速上岗。 而空调器行业的蓬勃发展也促使新技术和新产品不断涌现，并且随着维修工作的开展也会不断碰到新故障和新难点，原有的空调器维修人员也有继续学习不断提高维修技术的需求。 本套丛书正是为了满足这些需求而编写的。

本套丛书共分为三本，分别为《全彩图解空调器维修极速入门》《全彩图解空调器电控系统维修》和《全彩图解空调器维修实例精解》。

本套丛书从入门（基础）—电控（提高）—实例（精通）三个学习层次，逐步深入，覆盖空调器维修所涉及的各种专项知识和技能，满足一线维修人员的需求，构建完整的知识体系。 本套丛书的作者有超过 10 年的维修经验，并在多个大型品牌售后服务部门工作过，书中内容源于自己长期实践经验的总结，很多内容在其他同类书中很难找到，非常有价值。 另外，本套丛书都提供免费的维修视频供读者学习使用，内容涉及空调器维修实际操作技能，能够帮助读者快速掌握相关技能。 读者可通过"机械工业出版社 E 视界"微信公众号下载该视频。

《全彩图解空调器电控系统维修》是本套丛书中的一种，重点介绍挂式、柜式和变频空调器电控系统维修知识，主要内容包括挂式空调器电控系统维修、单相和三相供电柜式空调器电控系统维修、变频空调器电控系统维修基础、变频空调器室内机和室外机电控系统维修等。

需要注意的是，为了与电路板上实际元器件文字符号保持一致，书中部分元器件文字符号未按国家标准修改。 本书测量电子元器件时，如未特别说明，均使用数字万用表测量。

本书由李志锋主编，参与本书编写并为本书编写提供帮助的人员有李殿魁、李献勇、周涛、李嘉妍、李明相、李佳怡、班艳、王丽、殷大将、刘提、刘均、金闯、李佳静、金华勇、金坡、李文超、金科技、高立平、辛朝会、王松、陈文成、王志奎等。 值此成书之际，对他们所做的辛勤工作表示衷心的感谢。

由于编者能力水平所限，加之编写时间仓促，书中错漏之处难免，希望广大读者提出宝贵意见。

编 者

目 录 CONTENTS

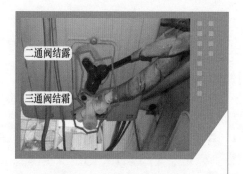

二通阀结露

三通阀结霜

系统运行压力约0.4MPa

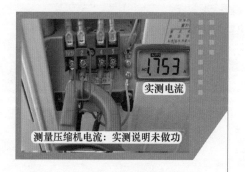

实测电流

测量压缩机电流：实测说明未做功

第一章

挂式空调器电控系统

空调器由制冷系统、电控系统、通风系统和箱体系统 4 个系统组成。制冷系统的作用是产生能够循环的冷量；通风系统将蒸发器产生的冷量及时输送到室内，同时为冷凝器散热；箱体系统将各个部件安装到固定位置；电控系统的作用是接收遥控器的指令，并结合其他输入电路的信号进行处理，控制制冷系统的压缩机和四通阀线圈、通风系统的室内风机和室外风机，使空调器按用户的要求工作在制冷或制热模式，也可以说，电控系统是空调器的控制中心。

家用空调器主要有两类：定频空调器和变频空调器。定频空调器电控系统可大致分为两大类：挂式空调器电控系统和柜式空调器电控系统。变频空调器电控系统可大致分为三类：交流变频空调器电控系统、直流变频空调器电控系统和全直流变频空调器电控系统。本章内容将主要介绍定频空调器电控系统。

第一节 典型挂式空调器电控系统

本章选用的典型挂式空调器型号为格力 KFR-23GW/（23570） Aa-3，介绍电控系统组成、室内机主板框图、单元电路详解、遥控器电路等。

注：在本章中，如非特别说明，电控系统知识内容全部选自格力 KFR-23GW/（23570）Aa-3 挂式空调器。

一、 电控系统组成

图 1-1 为典型挂式空调器电控系统组成实物图，由图可知，一个完整的电控系统由主

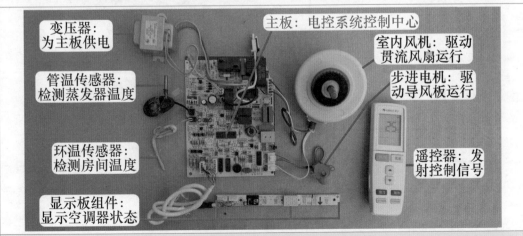

图 1-1 电控系统组成

板和外围负载组成，包括主板、变压器、传感器、室内风机、显示板组件、步进电机、遥控器和接线端子等。

二、 主板框图和电路原理图

主板是电控系统的控制中心，由许多单元电路组成，各种输入信号经主板 CPU 处理后通过输出电路控制负载。主板通常可分 4 部分电路，即电源电路、CPU 三要素电路、输入电路和输出电路。

图 1-2 为室内机主板电路框图，图 1-3 为电控系统主要元器件，表 1-1 为主要元器件编号名称的说明。

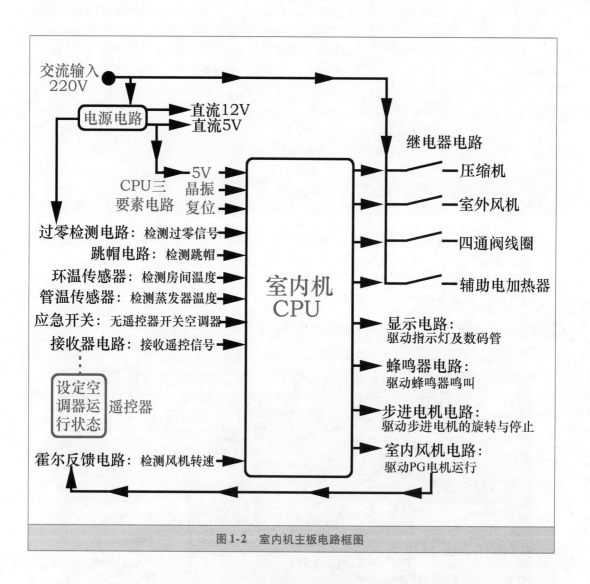

图 1-2　室内机主板电路框图

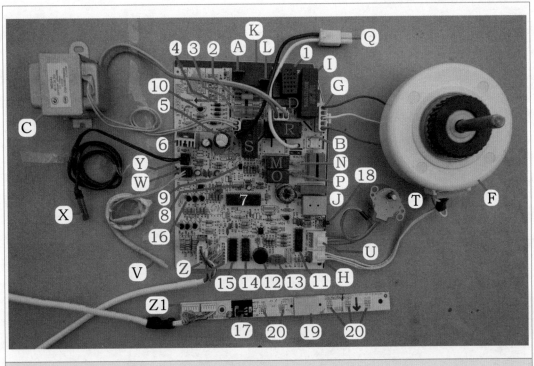

图1-3　电控系统主要元器件

表1-1　主要元器件编号名称的说明

编　号	名　　称	编　号	名　　称
A	电源相线 L 输入	N	四通阀线圈接线端子
B	电源零线 N 输入	O	室外风机继电器：控制室外风机的运行与停止
C	变压器：将交流 220V 降低至约 13V	P	室外风机接线端子
D	变压器一次绕组插座	Q	辅助电加热器插头
E	变压器二次绕组插座	R-S	辅助电加热器 L 端和 N 端供电继电器
F	室内风机：驱动贯流风扇运行	T	步进电机：带动导风板运行
G	室内风机线圈供电插座	U	步进电机插座
H	霍尔反馈插座：检测室内风机转速	V	环温传感器：检测房间温度
I	风机电容：在室内风机起动时使用	W	环温传感器插座
J	光耦合器晶闸管（俗称光耦可控硅）：驱动室内风机	X	管温传感器：检测蒸发器温度
K	压缩机继电器：控制压缩机的运行与停止	Y	管温传感器插座
L	压缩机接线端子	Z	显示板组件插座
M	四通阀线圈继电器：控制四通阀线圈的运行与停止	Z1	显示板组件：空调器与外界通信窗口

（续）

编号	名 称	编号	名 称
1	压敏电阻：在电压过高时保护主板	11	反相驱动器：反相放大后驱动继电器线圈、步进电机线圈、蜂鸣器
2	3.15A 熔丝管（俗称保险管）：在电流过大时保护主板	12	蜂鸣器：发声代表已接收到遥控信号
3	12.5A 熔丝管：辅助电加热器供电保险	13	跳线帽：检测主板型号
4	整流二极管：将交流电整流成为脉动直流电	14	HC164：输出数码管和指示灯信号
5	滤波电容：滤除直流电中的交流纹波成分	15	反相驱动器：放大 HC164 信号
6	5V 稳压块 7805：输出端为稳定直流 5V	16	晶体管：为数码管和指示灯供电
7	CPU：主板的"大脑"	17	接收器：接收遥控器的红外线信号
8	晶振：为 CPU 提供时钟信号	18	按键开关：无遥控器时开关空调器
9	复位晶体管：为 CPU 清零复位	19	数码管：显示温度和故障代码
10	过零检测晶体管：检测过零信号	20	指示灯：指示空调器的运行状态

三、 单元电路作用

1. 电源电路

将交流 220V 电压降压、整流、滤波，成为直流 12V 和 5V，为主板单元电路和外围负载供电。

2. CPU 三要素电路

电源、时钟、复位称为三要素电路，其正常工作是 CPU 处理输入信号和控制输出电路的前提。

3. 输入部分电路

1）遥控信号（17）：对应电路为接收器电路，将遥控器发出的红外线信号处理后送至 CPU。

2）环温、管温传感器（V、X）：对应电路为传感器电路，将代表温度变化的电压送至 CPU。

3）按键（应急）开关信号（18）：对应电路为应急开关电路，在没有遥控器时可以使用空调器。

4）过零信号（10）：对应电路为过零检测电路，提供过零信号以便 CPU 控制光耦合器晶闸管的导通角，使 PG 电机能正常运行。

5）霍尔反馈信号（H）：对应电路为霍尔反馈电路，作用是为 CPU 提供室内风机（PG 电机）的实际转速。

4. 输出部分负载

1）蜂鸣器（12）：对应电路为蜂鸣器电路，用来提示 CPU 已处理遥控器发送的信号。

2）指示灯（20）和数码管（19）：对应电路为指示灯和数码管显示电路，用来显示空调器的当前工作状态。

3）步进电机（T）：对应电路为步进电机控制电路，调整室内风机吹风的角度，能够均匀送到房间的各个角落。

4）室内风机（F）：对应电路为室内风机驱动电路，用来控制室内风机的运行与停止。制冷模式下开机后就一直工作（无论外机是否运行）；制热模式下受蒸发器温度控制，只有蒸发器温度高于一定温度后才开始运行，即使在运行中，如果蒸发器温度下降，室内风机也会停止工作。

5）辅助电加热器（R-S）：对应为辅助电加热器继电器驱动电路，用来控制辅助电加热器的运行与停止，在制热模式下提高出风口温度。

6）压缩机继电器（K）：对应电路为继电器驱动电路，用来控制压缩机的运行与停止。制冷模式下，压缩机受 3min 延时电路保护、蒸发器温度过低保护、电压检测电路、电流检测电路等控制；制热模式下，受 3min 延时电路保护、蒸发器温度过高保护、电压检测电路、电流检测电路等控制。

7）室外风机继电器（O）：对应电路为继电器驱动电路，用来控制室外风机的运行与停止。受保护电路同压缩机。

8）四通阀线圈继电器（M）：对应电路为继电器驱动电路，用来控制四通阀线圈的运行与停止。制冷模式下无供电停止工作；制热模式下有供电开始工作，只有除霜过程中断电，其他过程一直供电。

第二节　单元电路

一、电源电路

1. 工作原理

电源电路原理图见图1-4，实物图见图1-5，关键点电压见表1-2。电源电路的作用是将交流 220V 电压降压、整流、滤波、稳压后转换为直流 12V 和 5V 为主板供电。

电容 C143 为高频旁路电容，用以旁路电源引入的高频干扰信号；FU101（3.15A 熔丝管）、RV101（压敏电阻）组成过电压保护电路。当输入电压正常时，对电路没有影响；而当电压高于交流 380V，RV101 迅速击穿，将前端 FU101 熔断，从而保护主板后级电路免受损坏。

变压器、D1～D4（整流二极管）、D176、C3（主滤波电容）、C16、C17 组成降压、整流、滤波电路。变压器将输入电压交流 220V 降低至约交流 12V 从二次绕组输出，至由 D1～D4 组成的桥式整流电路，变为脉动直流电（其中含有交流成分），经 D176 再次整流、C3 滤波，滤除其中的交流成分，成为纯净的约 12V 直流电压，为主板 12V 负载供电。说明：本电路没有使用 7812 稳压块，直流 12V 电压实测为 11～16V，并且随输入的交流 220V 电压变化而变化。

V172、C4、C18 组成 5V 电压产生电路。V172（7805）为 5V 稳压块，①脚输入端为直流 12V，经 7805 内部电路稳压，③脚输出端输出稳定的直流 5V 电压，为 5V 负载供电。

表 1-2　电源电路关键点电压

变压器插座		7805		
一次绕组	二次绕组	①脚输入端	②脚地	③脚输出端
约交流 220V	约交流 12V	约直流 14V	直流 0V	直流 5V

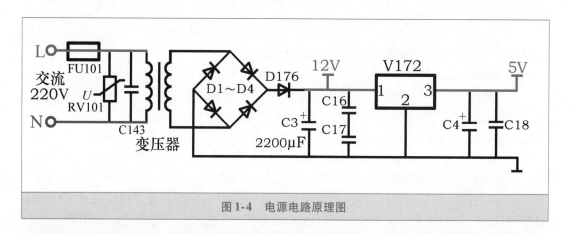

图 1-4　电源电路原理图

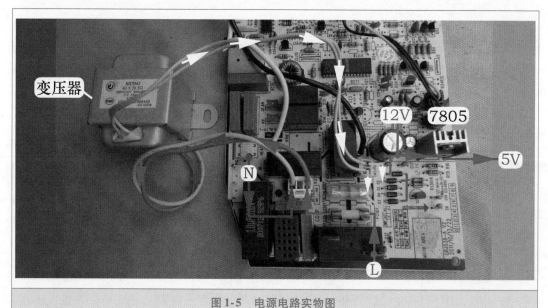

图 1-5　电源电路实物图

2. 直流 12V 和 5V 负载

直流 12V 和 5V 负载见图 1-6，图中红线连接 12V 负载、蓝线连接 5V 负载。

（1）直流 12V 负载

直流 12V 取自主滤波电容正极，主要负载：7805 稳压块、继电器线圈、步进电机线圈、反相驱动器、蜂鸣器、显示板组件上的指示灯和数码管等。

➡ 说明：显示板组件上的指示灯和数码管通常使用直流 5V 供电，但本机例外。

（2）直流 5V 负载

直流 5V 取自 7805 的③脚输出端，主要负载：CPU、HC164、传感器电路、光耦合器晶闸管、PG 电机内部的霍尔反馈电路板、显示板组件上的接收器等。

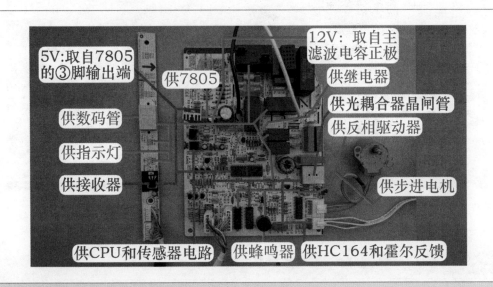

图 1-6　直流 12V 和 5V 负载

3. 设有 7812 稳压块的电源电路

东洋 KFR-35GW/D 室内机主板电源电路设有 7812 稳压块，图 1-7 为电路原理图，图 1-8 为实物图。

电容 CC1 为高频旁路电容，用以旁路电源引入的高频干扰信号；FUSE（熔丝管）、ZNR（压敏电阻）组成过电压保护电路；T1（变压器）、D1 ~ D4（整流二极管）、D5、C1（主滤波电容）和 C2 组成降压、整流、滤波电路，滤波电容 C1 正极约为直流 17V 的电压送往 7812 的①脚输入端，经内部电路稳压，在③脚输出稳定的直流 12V 电压，为主板 12V 负载供电；其中一个分支送往 7805 的①脚输入端，经内部电路稳压后在③脚输出稳定的直流 5V 电压，为主板 5V 负载供电。

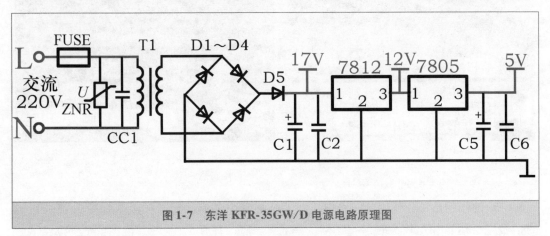

图 1-7　东洋 KFR-35GW/D 电源电路原理图

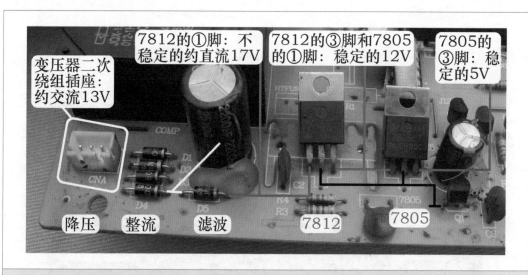

图 1-8　东洋 KFR-35GW/D 电源电路实物图

二、CPU 三要素电路

1. CPU 简介

　　CPU 是一个大规模的集成电路，是整个电控系统的控制中心，其内部写入了运行程序（或工作时调取存储器中的程序）。根据引脚方向分类，常见的有两种，见图 1-9，即两侧引脚和四面引脚。

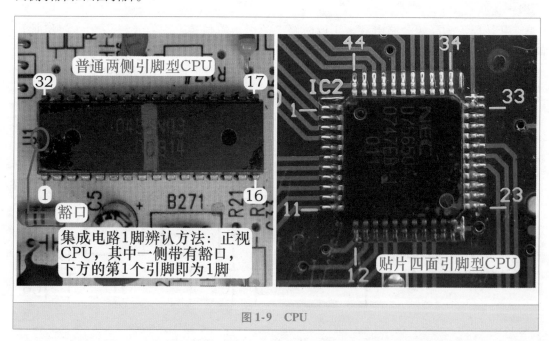

图 1-9　CPU

　　CPU 的作用是接收使用者的操作指令，结合室内环温、管温传感器等输入部分电路的信号进行运算和比较，确定空调器的运行模式（如制冷、制热、除湿、送风），通过输出部分电路控制压缩机、室内外风机、四通阀线圈等部件，使空调器按使用者的意愿工作。

CPU 是主板上体积最大、引脚最多的元器件。现在主板 CPU 的引脚功能都是空调器厂家结合软件来确定的，也就是说同一型号的 CPU 在不同空调器厂家主板上引脚的作用是不一样的。

格力 KFR-23GW/（23570）Aa-3 空调器室内机主板 CPU 掩膜型号为 0456N03，共有 32 个引脚，主要引脚功能见表 1-3。

表 1-3　0456N03 引脚功能

输入部分电路			输出部分电路		
引　脚	英文代号	功　能	引　脚	英文代号	功　能
25	KEY	按键开关	17、21、28、29、30	LED、LCD	驱动指示灯和数码管
27	REC	遥控信号	31、32、1、2	SWING-UD	步进电机
6	ROOM	环温	3	BUZ	蜂鸣器
5	TUBE	管温	24	PG	室内风机
20	ZERO	过零检测	26	HEAT	辅助电加热器
22	PGF	霍尔反馈	8	COMP	压缩机
4、9 脚为空脚，18、19 脚接存储器（本机未用），13 脚和 10 脚相通接 5V			7	OFAN	室外风机
			23	4V	四通阀线圈

10	VDD	供电	14	X2	晶振
16	VSS	地	15	X1	晶振
			11	RST	复位

（右侧合并单元格：CPU 三要素电路）

2. 工作原理

CPU 三要素电路原理图见图 1-10，实物图见图 1-11，关键点电压见表 1-4。

电源、复位、时钟称为三要素电路，是 CPU 正常工作的前提，缺一不可，否则会死机，引起空调器上电无反应故障。

1）CPU⑩脚是电源供电引脚，由 7805③脚输出端直接供给。滤波电容 C5、C21 的作用是使 5V 供电更加纯净和平滑。

2）复位电路的作用是将内部程序处于初始状态。CPU⑪脚为复位引脚，由外围元器件电解电容 C5、瓷片电容 C7 和 C8、PNP 型晶体管 Q1（9012）、电阻（R1、R2、R4、R3）组成低电平复位电路。初始上电时，5V 电压首先对 C5 充电，同时对 R1 和 R2 组成的分压电路分压，当 C5 充电完成后，R2 分得的电压约为 0.8V，使得 Q1 充分导通，5V 经 Q1 发射极、集电极、R3 至 CPU⑪脚，电容 C5 正极电压由 0V 逐渐上升至 5V，因此 CPU⑪脚电压、相对于电源⑩脚要延时一段时间（一般为几十毫秒），将 CPU 内部程序清零，对各个端口进行初始化。

3）时钟电路提供时钟频率。CPU⑭、⑮脚为时钟引脚，内部电路与外围元器件 B271（晶振）、电阻 R21 组成时钟电路，提供 8MHz 稳定的时钟频率，使 CPU 能够连续执行指令。

表 1-4   CPU 三要素电路关键点电压

⑩脚供电	⑯脚地	Q1：E	Q1：B	Q1：C	⑪脚复位	⑭脚晶振	⑮脚晶振
5V	0V	5V	4.3V	5V	5V	2.3V	2.4V

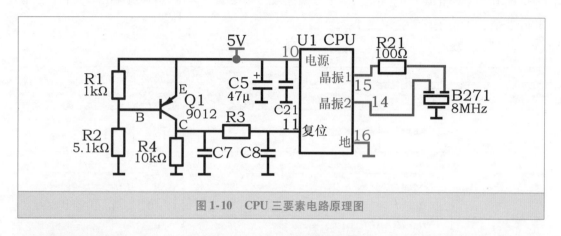

图 1-10   CPU 三要素电路原理图

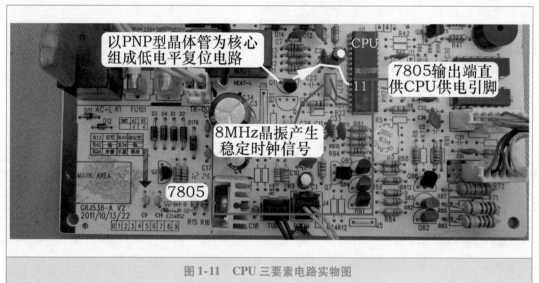

图 1-11   CPU 三要素电路实物图

3. 设有复位集成块的 CPU 三要素电路

复位电路设计多种多样：如使用 PNP 型晶体管为核心组成，也有些空调器使用复位集成块为核心，也有些空调器只使用简单的 RC 充电电路（只有 1 个电阻和 1 个电解电容）组成。设计形式可简单，可复杂，但目的相同，均为 CPU 内部程序清零复位。

低电平复位电路是指 CPU 复位时引脚电压为低电平，而正常工作时为高电平 5V；高电平复位电路则正好相反。

如中意某型号挂式空调器室内机主板，使用 7042 复位集成块为核心，组成低电平复位电路，电路原理图见图 1-12，实物图见图 1-13。

　　开机瞬间，直流 5V 电压在滤波电容的作用下逐渐升高，当电压低于 4.6V 时，U3（7042）的③脚为低电平加至 CPU⑱脚，使 CPU 内部电路清零复位；当直流 5V 电压高于 4.6V，U3 的③脚变为高电平 5V，加至 CPU⑱脚使其内部电路复位结束，开始工作。

　　使用万用表直流电压档，在主板正常工作时，黑表笔接地，红表笔测量 7042 复位集成块引脚电压，实测①脚为 5V、②脚为地、③脚复位为 4.9V。

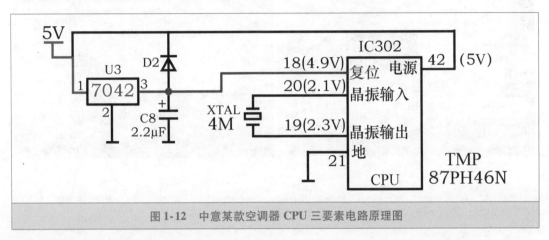

图 1-12　中意某款空调器 CPU 三要素电路原理图

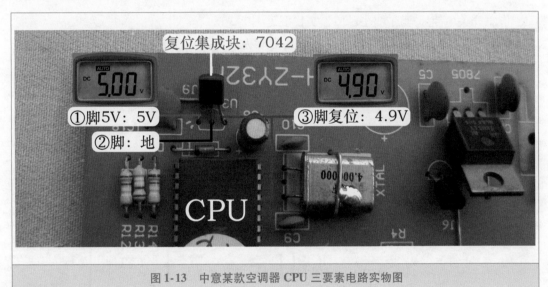

图 1-13　中意某款空调器 CPU 三要素电路实物图

三、　应急开关电路

1. 按键设计位置

　　应急开关电路的作用是在遥控器丢失或损坏的情况下，使用应急开关按键，空调器可应急使用，工作在自动模式，不能改变设定温度和风速。

　　根据空调器设计不同，应急开关按键设计位置也不相同。见图 1-14 左图，部分品牌的空调器将按键设在显示板组件位置，使用时可以直接按压；见图 1-14 右图，部分品牌的空调器将按键设在室内机主板，使用时需要掀开进风格栅，且使用尖状物体才能按压。

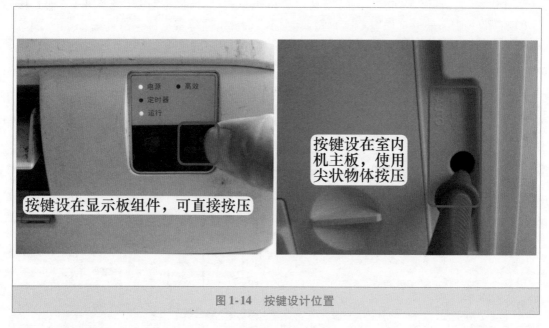

图 1-14　按键设计位置

2. 工作原理

应急开关电路原理图见图 1-15，实物图见图 1-16。

CPU㉕脚为应急开关按键检测引脚，正常时为高电平直流 5V，应急开关按下时为低电平 0.1V，CPU 根据目前状态时低电平的次数，进入相应的控制程序。

开机方法：在处于待机状态时，按压一次应急开关按键，空调器进入自动运行状态，CPU 根据室内温度自动选择制冷、制热、送风等模式，以达到舒适的效果。按压开关按键使空调器运行时，在任何状态下都可用遥控器控制，转入遥控器设定的运行状态。

关机方法：在运行状态下，按压一次应急开关按键，空调器停止工作。

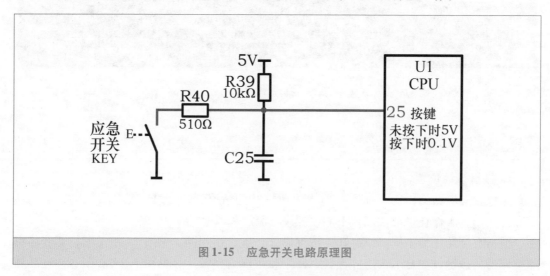

图 1-15　应急开关电路原理图

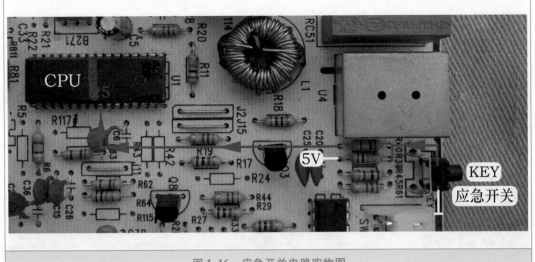

图 1-16　应急开关电路实物图

四、　接收器电路

接收器电路原理图见图 1-17，实物图见图 1-18，遥控器状态与 CPU 引脚电压的对应关系见表 1-5，它的作用是接收遥控器发射的红外线信号，处理后送至 CPU 引脚。

遥控器发射含有经过编码的调制信号以 38kHz 为载波频率，发送至位于显示板组件上的接收器 REC，REC 将光信号转换为电信号，并进行放大、滤波、整形，经 R92、R94 送至 CPU㉗脚，CPU 内部电路解码后得出遥控器的按键信息，从而对电路进行控制；CPU 每接收到遥控信号后便会控制蜂鸣器响一声给予提示。

表 1-5　遥控器状态与 CPU 引脚电压对应关系

遥控器状态	接收器信号输出端电压	CPU㉗脚电压
遥控器未发射信号	直流 4.95V	直流 4.95V
遥控器发射信号	约直流 3V	约直流 3V

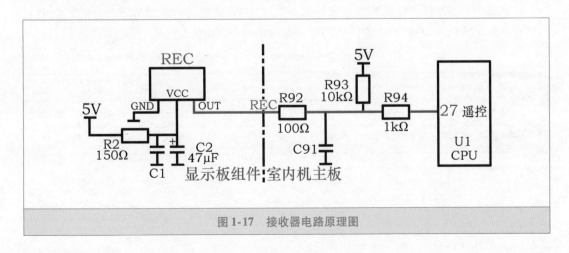

图 1-17　接收器电路原理图

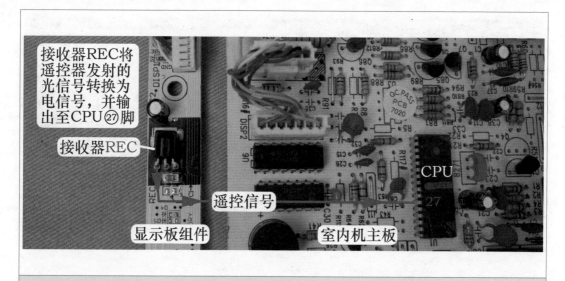

接收器REC将遥控器发射的光信号转换为电信号，并输出至CPU㉗脚

接收器REC

遥控信号

显示板组件

室内机主板

CPU

27

图1-18　接收器电路实物图

五、　传感器电路

1. 工作原理

传感器电路原理图见图1-19，实物图见图1-20。室内环温传感器电路向CPU提供房间温度，与遥控器设定温度相比较，控制空调器的运行与停止；室内管温传感器电路向CPU提供蒸发器温度，在制冷系统进入非正常状态时保护停机。

环温和管温传感器电路工作原理相同，以管温传感器为例。管温传感器TUBE（负温度系数热敏电阻）和电阻R60组成分压电路，R60两端电压即CPU⑤脚电压的计算公式为：$5 \times R60/$（管温传感器阻值 + R60）；管温传感器阻值随蒸发器温度的变化而变化，CPU⑤脚电压也相应变化。管温传感器在不同的温度有相应的阻值，CPU⑤脚有相对应的电压值，因此蒸发器温度与CPU⑤脚电压为成比例的对应关系，CPU根据不同的电压值计算出蒸发器实际温度。

目前格力空调器环温传感器型号通常为25℃/15kΩ，管温传感器型号通常为25℃/20kΩ。管温传感器（25℃/20kΩ）温度阻值与CPU引脚电压（分压电阻20kΩ）对应关系见表1-6。

表1-6　管温传感器温度阻值与CPU引脚电压对应关系

温度/℃	-10	-5	0	6	25	30	50	60	70
阻值/kΩ	110.3	84.6	65.3	48.4	20	16.1	7.17	4.94	3.48
CPU 电压/V	0.76	0.95	1.17	1.46	2.5	2.77	3.68	4	4.25

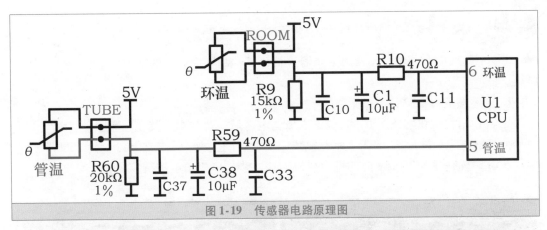

图 1-19　传感器电路原理图

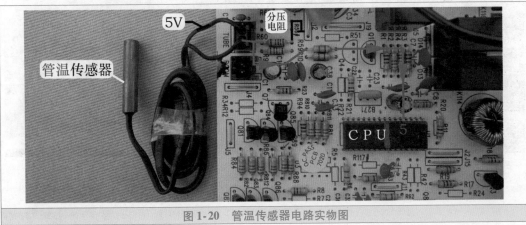

图 1-20　管温传感器电路实物图

2. 常温下测量分压点电压

由于环温和管温传感器 25℃时阻值和各自的分压电阻阻值相同，因此在同一温度下分压点电压即 CPU 引脚电压应相同或接近。

在房间温度约 25℃时，见图 1-21，使用万用表直流电压档测量传感器电路插座电压，黑表笔接地，红表笔实测公共端电压为 5V，环温传感器分压点电压约为 2.5V，管温传感器分压点电压约为 2.5V。

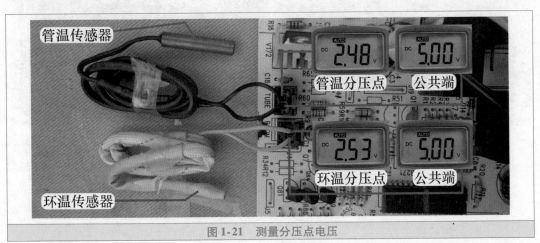

图 1-21　测量分压点电压

六、 跳线帽电路

➡ **说明**：跳线帽电路常见于格力空调器主板，其他品牌空调器的室内机主板通常未设此电路。

1. 跳线帽安装位置和工作原理

见图 1-22，跳线帽插座 JUMP 位于主板弱电区域，跳线帽安装在插座上面。跳线帽上面数字表示对应制冷量，如 23 表示此跳线帽所安装的主板，安装在制冷量为 2300W 的空调器，CPU 按制冷量 2300W 时的室内风机转速、步进电机角度进行控制。

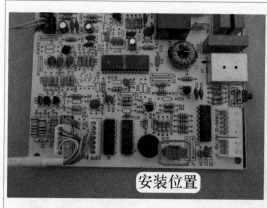
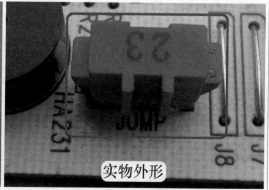

图 1-22　跳线帽安装位置和实物外形

见图 1-23，标注 23 的跳线帽，其中 1-2-3-5 导通，CPU 上电时按导通的引脚以区分跳线帽所对应的制冷量，并调取制冷量为 2300W 的相应参数对空调器进行控制。假如跳线帽为 1-3-5 导通，则 CPU 判断为制冷量为 3500W 的空调器，调取制冷量为 3500W 的相应参数对其控制。

图 1-23　跳线帽插头和插座

2. 常见故障

掀开室内机进风格栅，见图 1-24 左图，就会看到通常贴在右下角的提示：更换控制器（本书称为室内机主板）时，请务必将本机控制器上的跳线帽插到新的控制器上，否则，指示灯会闪烁（或显示 C5），并不能正常开机。

见图 1-24 右图，如检查主板损坏，在更换主板时，新主板并未配有跳线帽，需要从旧主板上拆下跳线帽，安装到新主板上的跳线帽插座，新主板才能正常运行。

➡ 说明：CPU 仅在上电时对跳线帽进行检测，上电后即使取下跳线帽，空调器也能正常运行。如上电后 CPU 未检测到跳线帽，显示 C5 代码，此时再安装跳线帽，空调器也不会恢复正常，只有断电，再次上电 CPU 复位后才能恢复正常。

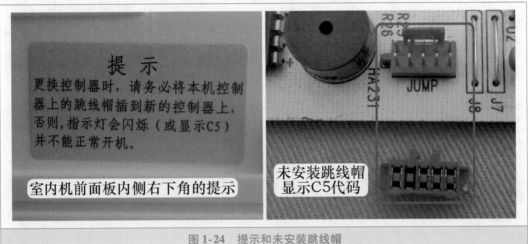

图 1-24　提示和未安装跳线帽

七、　显示电路

1. 显示方式和室内机主板电路

见图 1-25，格力 KFR-23GW/（23570）Aa-3 空调器使用指示灯 + 数码管的方式进行显示，室内机主板和显示板组件由一束两个插头共 13 根的引线连接。

室内机主板显示电路主要由串行移位寄存器 U5（HC164）、反相驱动器 U6（2003）、6 个晶体管和电阻等组成。

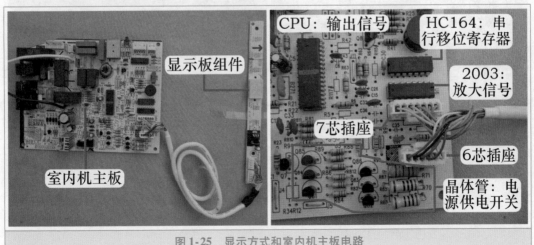

图 1-25　显示方式和室内机主板电路

2. 显示板组件

见图 1-26，显示板组件共设有 6 个指示灯：化霜、制热、制冷、电源/运行、除湿；使用 1 个 2 位数码管，可显示设定温度、房间温度和故障代码等。

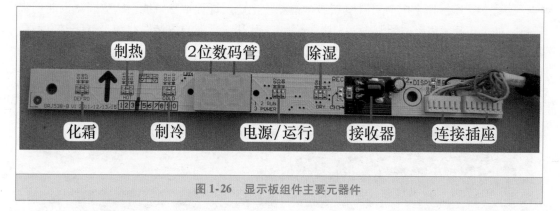

图 1-26　显示板组件主要元器件

3. HC164 引脚功能

HC164 为 8 位串行移位寄存器，共有 14 个引脚，其中⑭脚为 5V 供电、⑦脚为地；①脚和②脚为数据输入（DATA），两个引脚连在一起接 CPU㉑脚；⑧脚为时钟输入（CLK），接 CPU⑰脚；⑨脚为复位，实接直流 5V；HC164 的③~⑥、⑩~⑫共 7 个引脚为输出，接反相驱动器 U6（2003）的输入侧⑦~①共 7 个引脚，U6 输出侧⑩~⑯共 7 个引脚经插座连接显示板组件上 2 位数码管和 6 个指示灯。

4. 工作原理

见图 1-27，CPU⑰脚向 U5（HC164）发送时钟信号，CPU㉑脚向 HC164 发送显示数据的信息，HC164 处理后经反相驱动器 U6（2003）反相放大后驱动显示板组件上指示灯和数码管；CPU㉘~㉚脚输出信号驱动 6 个晶体管，分 3 路控制两个数码管和指示灯供电12V 的接通与断开。

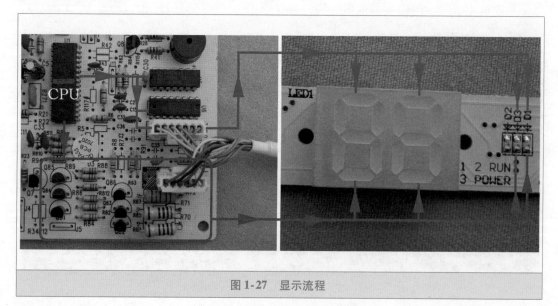

图 1-27　显示流程

八、　蜂鸣器驱动电路

蜂鸣器驱动电路原理图见图 1-28，实物图见图 1-29，其作用是 CPU 接收到遥控信号且已处理，驱动蜂鸣器发出"滴"声一次予以提示。

CPU③脚是蜂鸣器控制引脚，正常时为低电平；当接收到遥控信号时引脚变为高电平，晶体管 Q8 基极（B）也为高电平，晶体管深度导通，其集电极（C）相当于接地，蜂鸣器得到供电，发出预先录制的"滴"声或音乐。由于 CPU 输出高电平时间很短，万用表不容易测出电压。

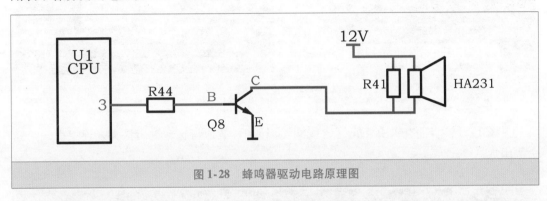

图 1-28　蜂鸣器驱动电路原理图

图 1-29　蜂鸣器驱动电路实物图

九、　步进电机驱动电路

1. 步进电机安装位置和内部结构

步进电机的作用是驱动室内机上下风门叶片（导风板）转动，安装位置和实物外形见图 1-30。制冷时吹出空气潮湿，于是自然下沉，使用时应将导风板角度设置为水平状态，避免直吹人体；制热时吹出空气干燥，于是自然向上漂移，使用时将导风板角度设置为向下状态，这样可以使房间内送风合理且均匀。

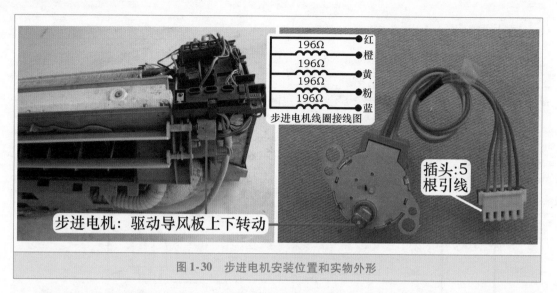

图1-30 步进电机安装位置和实物外形

见图1-31，步进电机由外壳（含线圈）、转子、变速齿轮、输出接头、连接引线、插头等组成。

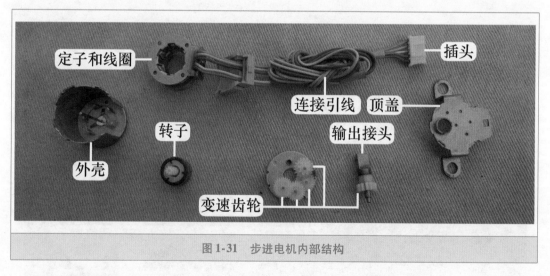

图1-31 步进电机内部结构

2. 工作原理

步进电机线圈驱动方式为4相8拍，共有4组线圈，电机每转一圈需要移动8次。线圈以脉冲方式工作，每接收到一个脉冲或几个脉冲，电机转子就移动一个位置，移动距离可以很短。

步进电机驱动电路原理图见图1-32，实物图见图1-33，CPU引脚电压与步进电机状态的对应关系见表1-7。

CPU㉛、㉜、①、②脚输出步进电机驱动信号，至反相驱动器U2的输入端⑦、⑤、④、③脚，U2将信号放大后在⑩、⑫、⑬、⑭脚反相输出，驱动步进电机线圈，步进电机按CPU控制的角度开始转动，带动导风板上下摆动，使房间内送风均匀，到达用户需要的地方。

表 1-7　CPU 引脚电压与步进电机状态对应关系

CPU: ㉛-㉜-①-②	U2: ⑦-⑤-④-③	U2: ⑩-⑫-⑬-⑭	步进电机状态
1.8V	1.8V	8.6V	运行
0V	0V	12V	停止

室内机主板 CPU 经反相驱动器放大后将驱动脉冲加至步进电机线圈，如供电顺序为：A- AB- B- BC- C- CD- D- DA- A…，电机转子按顺时针方向转动，经齿轮减速后传递到输出轴，从而带动导风板摆动；如供电顺序转换为：A- AD- D- DC- C- CB- B- BA- A…，电机转子按逆时针转动，带动导风板朝另外一个方向摆动。

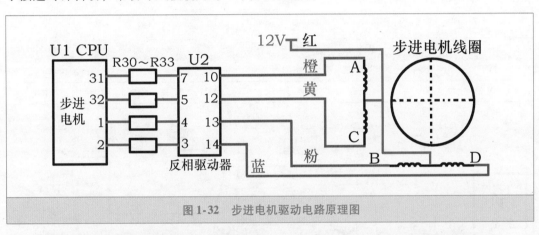

图 1-32　步进电机驱动电路原理图

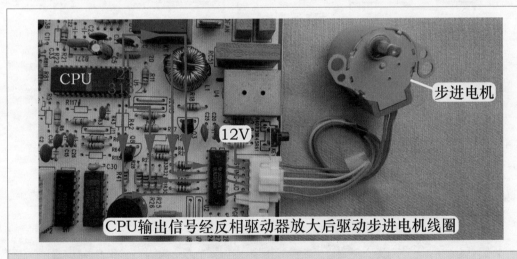

图 1-33　步进电机驱动电路实物图

十、　辅助电加热器驱动电路

空调器使用热泵式制热系统，即将吸收室外的热量转移到室内，以提高室内温度，如果室外温度低于 0℃，空调器的制热效果将明显下降，辅助电加热器就是为提高制热效果而设计的。

辅助电加热器驱动电路原理图见图 1-34，实物图见图 1-35，CPU 引脚电压与辅助电加热器状态的对应关系见表 1-8。本机主板辅助电加热器电路使用两个继电器，分别接通电源 L 端和 N 端供电，CPU 只有 1 个辅助电加热器控制引脚，控制方式为两个继电器线圈并联。

当 CPU㉖脚为高电平 5V 时，经电阻 R23 降压后送至晶体管 Q7 的基极（B），电压约 0.8V，Q7 集电极（C）和发射极（E）深度导通，C 极电压约 0.1V，继电器 K3 和 K2 线圈下端接地，两端电压约 11.9V，产生电磁吸力使得触点闭合，接通 L 端和 N 端电源，辅助电加热器发热开始工作。当 CPU㉖脚为低电平 0V 时，Q7 的 B 极电压为 0V，C 极和 E 极截止，继电器线圈下端不能接地，即构不成回路，K3 和 K2 线圈电压为直流 0V，触点断开，辅助电加热器停止工作。

表 1-8 CPU 引脚电压与辅助电加热器状态对应关系

CPU㉖脚	Q7：B	Q7：C	K3 和 K2 线圈电压	触点状态	负　　载
5V	0.8V	0.1V	11.9V	闭合	辅助电加热器工作
0V	0V	12V	0V	断开	辅助电加热器停止

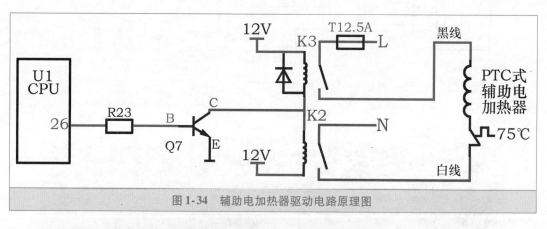

图 1-34　辅助电加热器驱动电路原理图

图 1-35　辅助电加热器驱动电路实物图

十一、 室外机负载驱动电路

图 1-36 为室外机负载驱动电路原理图，图 1-37 为压缩机继电器触点闭合过程，图 1-38 为压缩机继电器触点断开过程，CPU 引脚电压与压缩机状态的对应关系见表 1-9，CPU 引脚电压与室外风机状态的对应关系见表 1-10，CPU 引脚电压与四通阀线圈状态的对应关系见表 1-11。

室外机负载驱动电路的作用是向压缩机、室外风机、四通阀线圈提供或断开交流 220V 电源，使制冷系统按 CPU 控制程序工作。

CPU⑧脚、反相驱动器 U2⑥脚和⑪脚、二极管 D11、继电器 K1 组成压缩机继电器驱动电路；CPU⑦脚、U2③脚和⑭脚、二极管 D13、继电器 K114 组成室外风机继电器驱动电路；CPU㉓脚、电阻 R17、U2②脚和⑮脚、二极管 D14、继电器 K115 组成四通阀线圈继电器驱动电路。

压缩机、室外风机、四通阀线圈的继电器驱动电路工作原理完全相同，以压缩机继电器为例。当 CPU⑧脚为高电平 5V 时，U2⑥脚输入端也为高电平 5V，内部电路翻转，对应⑪脚输出端为低电平约 0.8V，继电器 K1 线圈得到约直流 11.2V 供电，产生电磁力使触点闭合，接通压缩机 L 端电压，压缩机开始工作；当 CPU⑧脚为低电平 0V 时，U2⑥脚也为低电平 0V，内部电路不能翻转，其对应⑪脚输出端不能接地，K1 线圈两端电压为直流 0V，触点断开，压缩机停止工作。

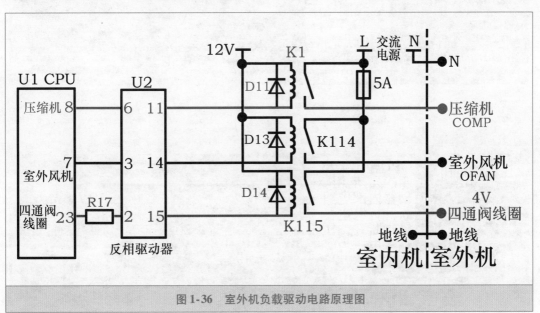

图 1-36 室外机负载驱动电路原理图

表 1-9 CPU 引脚电压与压缩机状态对应关系

CPU⑧脚	U2⑥脚	U2⑪脚	K1 线圈电压	触点状态	负 载
4.9V	4.9V	0.8V	11.2V	闭合	压缩机工作
0V	0V	12V	0V	断开	压缩机停止

表 1-10　CPU 引脚电压与室外风机状态对应关系

CPU⑦脚	U2③脚	U2⑭脚	K114 线圈电压	触点状态	负　　载
4.9V	4.9V	0.8V	11.2V.	闭合	室外风机工作
0V	0V	12V	0V	断开	室外风机停止

表 1-11　CPU 引脚电压与四通阀线圈状态对应关系

CPU㉓脚	U2②脚	U2⑮脚	K115 线圈电压	触点状态	负　　载
4.9V	4.0V	0.8V	11.2V	闭合	四通阀线圈工作
0V	0V	12V	0V	断开	四通阀线圈停止

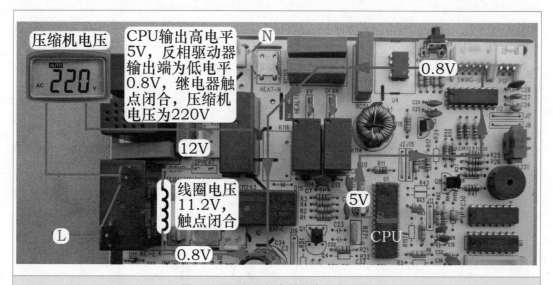

图 1-37　压缩机继电器触点闭合过程

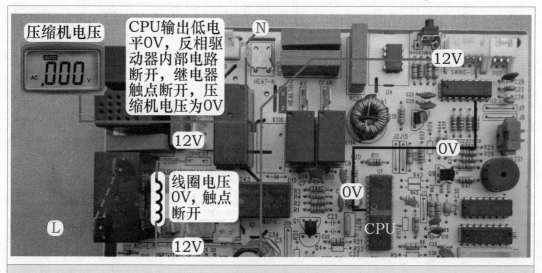

图 1-38　压缩机继电器触点断开过程

十二、 室外机电路

1. 连接引线

室外机电控系统的负载有压缩机、室外风机、四通阀线圈共 3 个，室外机电路将 3 个负载连接在一起。

室外机接线端子共有 4 个端子，分别为：1 号为公用零线 N、2 号为压缩机、4 号为四通阀线圈、5 号为室外风机；其中 1 号公用零线 N 通过引线分别接压缩机线圈、室外风机线圈、四通阀线圈其中的 1 根引线，地线直接固定在室外机电控盒的铁皮上面。

2. 工作原理

室外机电气接线图见图 1-39，压缩机和四通阀线圈接线实物图见图 1-40 左图，室外风机接线实物图见图 1-40 右图。

（1）制冷模式

室内机主板的压缩机和室外风机继电器触点闭合，从而接通 L 端供电，与电容共同作用使压缩机和室外风机起动运行，系统工作在制冷状态，此时 4 号四通阀线圈的引线无供电。

（2）制热模式

室内机主板的压缩机、室外风机、四通阀线圈继电器触点闭合，从而接通 L 端供电，为 2 号压缩机、4 号四通阀线圈、5 号室外风机提供交流 220V 电源，压缩机、四通阀线圈、室外风机同时工作，系统工作在制热状态。

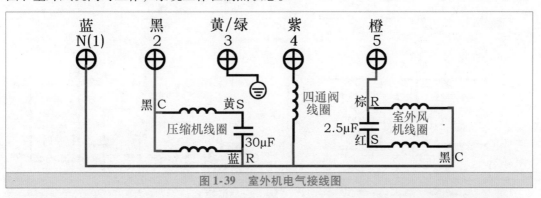

图 1-39 室外机电气接线图

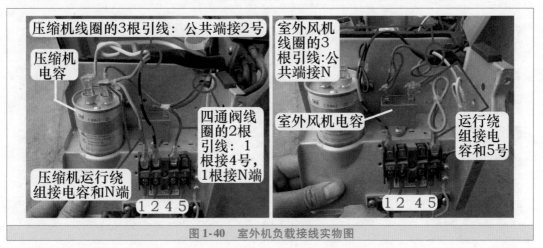

图 1-40 室外机负载接线实物图

十三、 过零检测电路

本机室内风机使用 PG 电机，可向室内机主板 CPU 提供转速反馈功能，共设有 3 个单元电路：过零检测电路、PG 电机驱动电路和霍尔反馈电路。

1. 作用

过零检测电路可以理解成向 CPU 提供一个标准，起点是零电压，光耦合器晶闸管导通角的大小就是依据这个标准。也就是 PG 电机高速、中速、低速、超低速均对应一个光耦合器晶闸管导通角，而每个导通角的导通时间是从零电压开始计算，导通时间不一样，导通角度的大小就不一样，光耦晶闸管输出电压的有效值也不一样，因此电机的转速就不一样。

2. 工作原理

过零检测电路原理图见图 1-41，实物图见图 1-42，关键点电压见表 1-12。

变压器二次绕组交流 11.5V 电压经 D1～D4 桥式整流输出脉动直流电，其中 1 路经 R13/R14、R15 分压，送至晶体管 Q2 基极（B）。当正半周时基极电压高于 0.7V，Q2 集电极（C）和发射极（E）导通，CPU⑳脚为低电平约 0.1V；当负半周时 B 极电压低于 0.7V，Q2 的 C 极和 E 极截止，CPU⑳脚为高电平约 5V；通过晶体管 Q2 的反复导通、截止，在 CPU⑳脚形成 100Hz 脉冲波形，CPU 通过计算，检测出输入交流电源电压的零点位置。

表 1-12 过零检测电路关键点电压

整流电路输出即 D176 正极	Q2：B	Q2：C	CPU⑳脚
约直流 10.5V	直流 0.7V	直流 0.5V	直流 0.5V

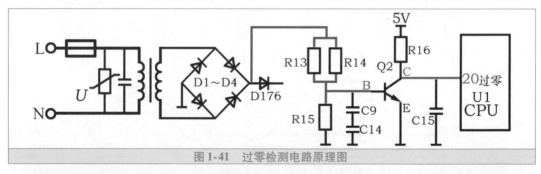

图 1-41 过零检测电路原理图

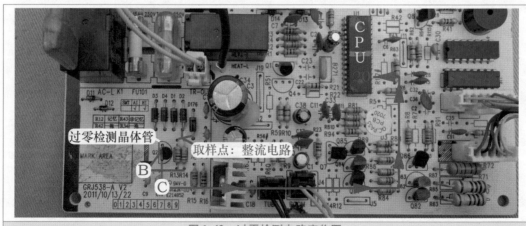

图 1-42 过零检测电路实物图

十四、 PG 电机驱动电路

1. 室内风机型式和调速原理

（1）PG 电机

室内风机安装在室内机右侧，见图 1-43 左图，作用是驱动贯流风扇。制冷模式下，室内风机驱动贯流风扇运行，强制吸入房间内空气至室内机、经蒸发器降低温度后以一定的风速和流量吹出，来降低房间温度。

目前生产的定频、交流变频、直流变频的挂式空调器室内风机，基本上全部使用 PG 电机，实物外形见图 1-43 右图，设有两个插头，大插头为线圈供电，小插头为霍尔反馈。

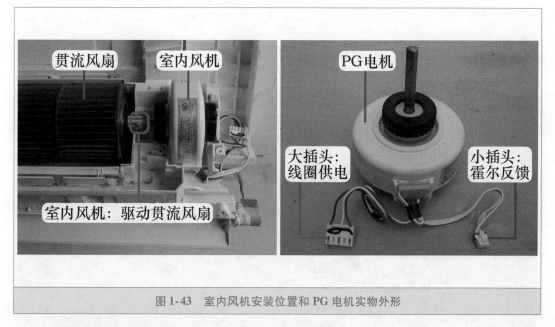

贯流风扇　室内风机

PG电机

大插头：线圈供电

小插头：霍尔反馈

室内风机：驱动贯流风扇

图 1-43　室内风机安装位置和 PG 电机实物外形

（2）晶闸管调速原理

晶闸管调速是用改变晶闸管导通角的方法来改变电机端电压的波形，从而改变电机端电压的有效值，达到调速的目的。

当晶闸管导通角 $\alpha_1 = 180°$ 时，电机端电压波形为正弦波，即全导通状态；当晶闸管导通角 $\alpha_1 < 180°$ 时，即非全导通状态，电压有效值减小；α_1 越小，导通状态越少，则电压有效值越小，所产生的磁场越小，则电机的转速越低。由以上的分析可知，采用晶闸管调速，其电机转速可连续调节。

2. 工作原理

PG 电机驱动电路原理图见图 1-44，实物图见图 1-45。

CPU㉔脚为室内风机控制引脚，输出的驱动信号经电阻 R19 送至晶体管 Q3 基极（B），Q3 放大后送至光耦合器晶闸管 U4 初级发光二极管的负极，U4 次级侧晶闸管导通，交流电源 L 端经扼流圈 L1→U4 次级送至 PG 电机线圈的公共端，和交流电源 N 端构成回路，PG 电机转动，带动贯流风扇运行，室内机开始吹风。

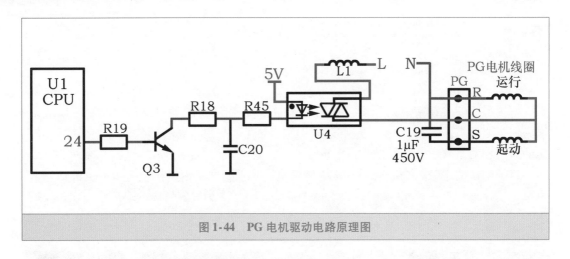

图 1-44 PG 电机驱动电路原理图

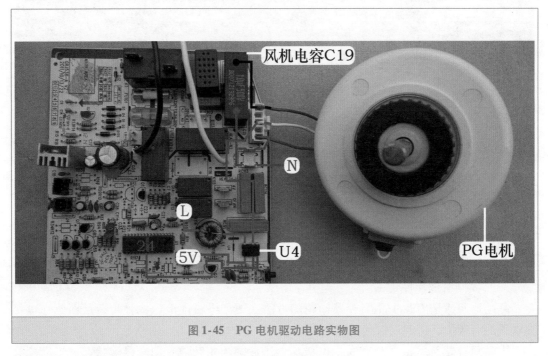

图 1-45 PG 电机驱动电路实物图

十五、 霍尔反馈电路

1. 转速检测原理

见图 1-46，PG 电机内部的转子上装有磁环，霍尔电路板上的霍尔与磁环在空间位置上相对应。

PG 电机转子旋转时带动磁环转动，霍尔将磁环的感应信号转化为高电平或低电平的脉冲电压，由输出脚输出至主板 CPU；转子旋转一圈，霍尔会输出一个脉冲信号电压或几个脉冲信号电压（厂家不同，脉冲信号数量不同），CPU 根据脉冲电压（即霍尔信号）计算出电机的实际转速，与目标转速相比较，如有误差，则改变光耦合器晶闸管的导通角，从而改变 PG 电机的转速，使实际转速与目标转速相对应。

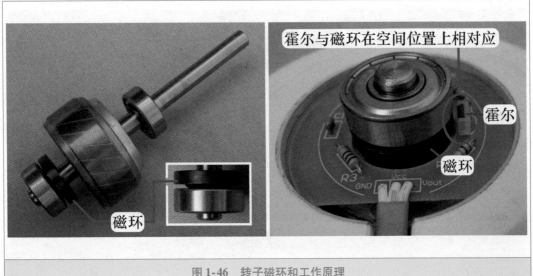

图 1-46　转子磁环和工作原理

2. 工作原理

霍尔反馈电路原理图见图 1-47，实物图见图 1-48，霍尔输出引脚电压与 CPU 引脚电压的对应关系见表 1-13。霍尔反馈电路的作用是向 CPU 提供 PG 电机实际转速的参考信号。PG 电机内部霍尔电路板通过标号 PGF 的插座和室内机主板连接，共有 3 根引线，即供电直流 5V、霍尔反馈输出、地。

PG 电机开始转动时，转子也开始转动，磁环随之转动内部电路板霍尔 IC1③脚开始输出代表转速的信号（霍尔信号），经电阻 R2、R61 送至 CPU㉒脚，CPU 通过霍尔的数量计算出 PG 电机的实际转速，并与内部数据相比较，如转速高于或低于正常值即有误差，CPU㉔脚（PG 电机驱动引脚）输出信号通过改变光耦合器晶闸管的导通角，改变 PG 电机线圈插座的供电电压，从而改变 PG 电机的转速，使实际转速与目标转速相同。

待机状态下用手拨动贯流风扇时霍尔输出引脚会输出高电平或低电平，表 1-13 中数值为供电电压直流 5V 时测得。

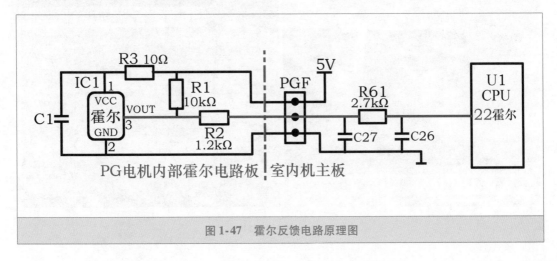

图 1-47　霍尔反馈电路原理图

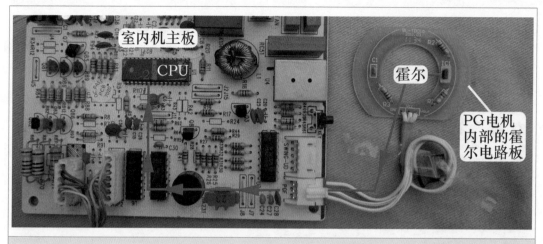

图 1-48　霍尔反馈电路实物图

表 1-13　霍尔输出引脚电压与 CPU 引脚电压对应关系

	IC1①脚供电	IC1③脚输出	PGF 反馈引线	CPU㉒脚霍尔
IC1 输出低电平	5V	0V	0V	0V
IC1 输出高电平	5V	4.98V	4.98V	4.98V
正常运行	5V	2.45V	2.45V	2.45V

3. 霍尔检查方法

空调器报"霍尔信号异常"的故障代码，在 PG 电机可以起动运行的前提下，为判断故障是 PG 电机内部霍尔损坏还是室内机主板损坏，应测量霍尔电压是否正常，方法如下所述。

空调器接通电源但不开机即处于待机状态时，使用万用表直流电压档，见图 1-49 和图 1-50，黑表笔接地，红表笔接霍尔反馈插座信号引针，用手慢慢转动贯流风扇的同时

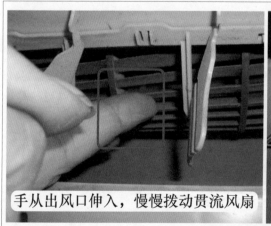

图 1-49　拨动贯流风扇

观察电压变化情况。如果为 5V ~ 0V ~ 5V ~ 0V 跳动变化的电压，说明 PG 电机内部霍尔正常，应更换室内机主板试机；如果电压一直为 5V、0V 或其他固定值，则为 PG 电机内部霍尔损坏，需要更换 PG 电机。

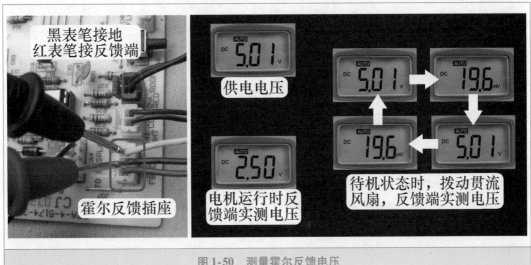

图 1-50　测量霍尔反馈电压

十六、 遥控器电路

1. 遥控器结构

遥控器是一种远控机械的装置，遥控距离 ≥7m，内部结构见图 1-51，由主板、显示屏、按键、后盖、前盖、电池盖等组成，控制电路单设有一个 CPU，位于主板背面。

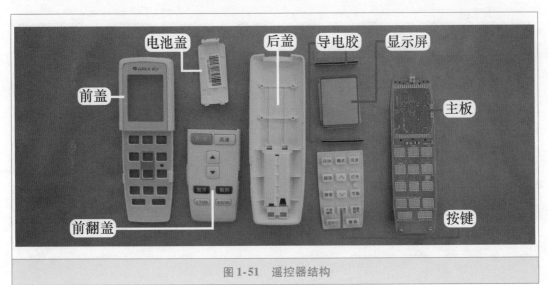

图 1-51　遥控器结构

2. 供电

遥控器供电通常使用 2 节 AAA 电池，每节电池电压为直流 1.5V，见图 1-52，2 节电池电压共 3V。早期遥控器通常使用 5 号电池，目前则通常使用 7 号电池。

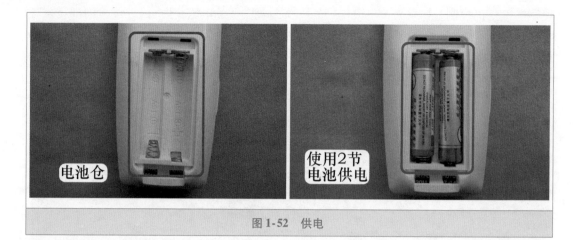

图1-52 供电

3. 晶振电路和键盘电路

见图1-53左图，品牌遥控器晶振电路通常使用两个晶振：1个频率为4MHz，产生的脉冲信号经8次分频，得出38kHz的载波脉冲频率，遥控器发射的信号就是调制在38kHz载波频率上向外发送；1个频率为32.768kHz，产生32.768kHz的脉冲信号，主要供CPU晶振（时钟）电路。

见图1-53右图，键盘电路由按键和电路板上键盘矩阵电路组成。按键上面的黑点为导电橡胶，正常阻值为40~150Ω，常用的按键如"开关""温度加""温度减"等，通常会增加导电橡胶的个数或面积，以增加使用寿命。电路板上的键盘矩阵电路每个开关，都有两根引线连接CPU的引脚。当按下按键时，导电橡胶使开关导通，也就是说CPU的其中两个引脚相通，CPU根据相通引脚判断出按键的信息（如"开关"）。

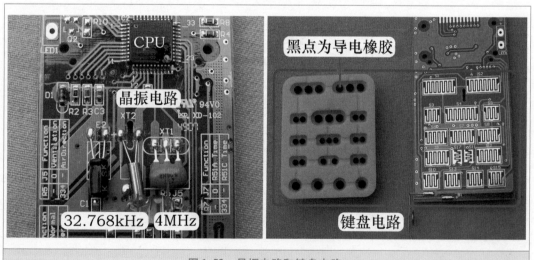

图1-53 晶振电路和键盘电路

4. 显示流程

电路板和LCD显示屏通过斑马线式导电胶相连，见图1-54，斑马线式导电胶是一种多个引线并联的导电橡胶。CPU需要控制显示屏显示时，输出的控制信号经导电胶送至显示屏，从而控制显示屏按 CPU 的要求显示。

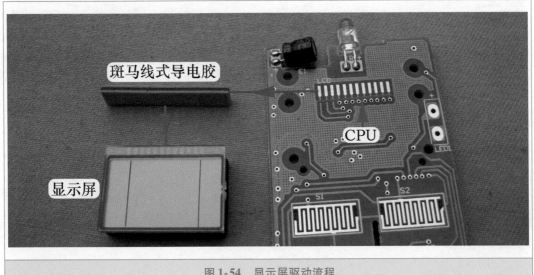

图 1-54　显示屏驱动流程

5. 发射二极管驱动电路

发射二极管驱动电路原理图和实物图见图 1-55。

当按压按键时，CPU 通过引脚检测到相应的按键功能（如"开关"），经过指令编码器转换为相应的二进制数字编码指令（以便遥控信号被室内机主板 CPU 识别读出），再送至编码调制器，将二进制的编码指令调制在 38kHz 的载频信号上面，形成调制信号从 CPU㉒脚输出，经 R4 送至晶体管 Q1 的基极，Q1 的集电极和发射极导通，3V 电压正极经 1.6Ω 电阻、红外发光二极管（发射二极管）IR1、Q1 到 3V 电压负极，IR1 将调制信号发射出去，发射距离约 7m。

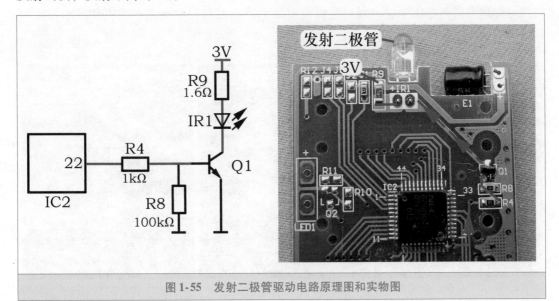

图 1-55　发射二极管驱动电路原理图和实物图

第二章

单相供电柜式空调器电控系统

Chapter **2**

本章分为两节，第一节介绍单相供电柜式空调器电控系统基础知识，第二节分析典型机型格力 KFR-72LW/NhBa-3 柜式空调器的单元电路。

本章主要以格力 KFR-72LW/NhBa-3 柜式空调器为基础，简单介绍目前柜式空调器电控系统单元电路，如无特别说明，单元电路原理图和实物图均为格力 KFR-72LW/NhBa-3 柜式空调器的主板和显示板。

第一节 基 础 知 识

一、 电控系统分类

室内机电控系统通常由室内机主板（本章中以下简称主板）、室内机显示板（简称显示板）组成，根据主控 CPU 的设计位置不同，可分为 3 种类型。

1. 主控 CPU 位于显示板

早期空调器和格力部分空调器的电控系统中主控 CPU 通常位于显示板，见图 2-1，弱电信号处理电路等也位于显示板，主板设有继电器电路和电源电路，主板和显示板使用较多的连接线（约 13 根）连接。

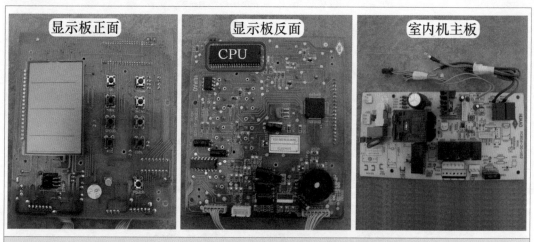

图 2-1 科龙 KFR-50LW/K2D1 空调器显示板和主板

2. 主控 CPU 位于主板

目前空调器的电控系统中主控 CPU 通常位于主板，见图 2-2，弱电信号电路、电源电器和继电器电路等均位于主板，只有部分的弱电信号和显示屏电路位于显示板，主板和显示板使用较少的连接线（约 7 根）连接。

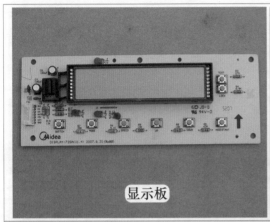
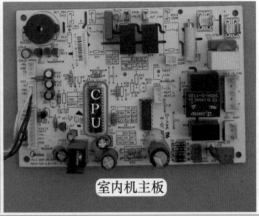

图 2-2　美的 KFR-51LW/DY-GA（E5）空调器显示板和主板

3. 显示板和主板均设有 CPU

目前空调器的电控系统中还有这样一种类型，就是显示板和主板均设有 CPU，见图 2-4 和图 2-5，显示板 CPU 处理接收器、按键、显示屏和步进电机等电路，主板 CPU 处理传感器、电流和压力信号、继电器等电路，显示板和主板使用最少的连接线（约 5 根）连接。

二、　格力 KFR-72LW/NhBa-3 电控系统

1. 组成

本机电控系统由室内机电控系统和室外机电控系统组成，其中室内机电控系统包括室内机主板和显示板，室外机电控系统包括室外风机电容和压缩机电容、交流接触器等，见图 2-3。

图 2-3　格力 KFR-72LW/NhBa-3 空调器电控系统

2. 主板和显示板

（1）实物外形

主板实物外形见图2-4，可见强电部分电路的主要元器件均位于主板，CPU为贴片器件设计在反面。

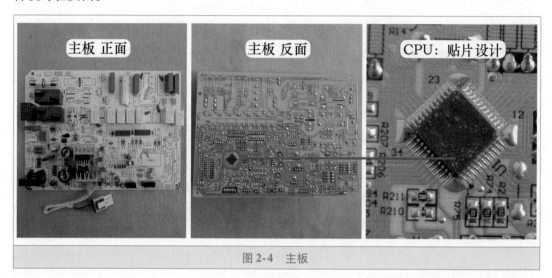

图2-4 主板

显示板实物外形见图2-5，可见均为弱电部分电路，和主板一样，CPU为贴片器件设计在反面。

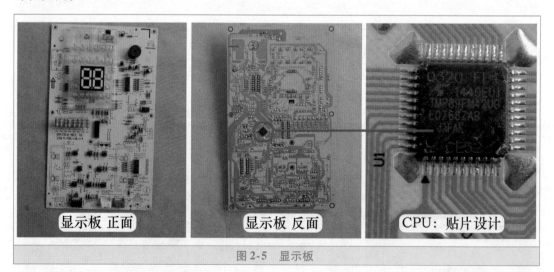

图2-5 显示板

（2）主板主要元器件和插座

主板主要元器件和插座见图2-6，为了便于区分，图中红线连接强电电路，蓝线连接弱电电路。

插座或接线端子：L、N、变压器一次和二次绕组、辅助电加热器（辅电）、压缩机、室外风机、四通阀线圈、高压压力开关、室内风机、室内环温和管温、室外管温及连接显示板插座等。

主要元器件：CPU、晶振、主板和辅助电加热器熔丝管、压敏电阻、整流二极管、滤波电容、7812、7805、电流互感器、继电器及反相驱动器等。

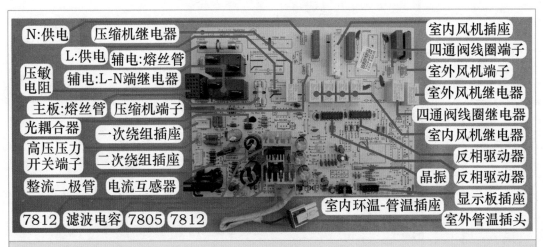

图 2-6　主板主要元器件和插座

（3）显示板主要元器件和插座

显示板主要元器件和插座见图 2-7。

插座：上下步进电机、左右步进电机和连接主板的插座。

主要元器件：CPU、晶振、存储器、反相驱动器、正相驱动器、接收器、按键、蜂鸣器和数码管等。

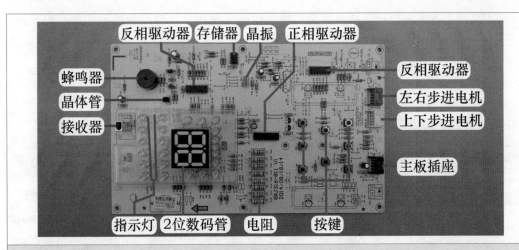

图 2-7　显示板主要元器件和插座

3. 电路框图

图 2-8 为格力 KFR-72LW/NhBa-3 整机电控系统框图，在图中输入部分电路使用蓝线、输出部分电路为红线。

显示板上单元电路：CPU 三要素电路、通信电路、存储器电路、按键电路、接收器电路、数码管和指示灯显示电路、蜂鸣器电路、上下和左右步进电机电路。

主板上单元电路：CPU 三要素电路、通信电路、电源电路、传感器电路、电流检测电路、高压保护电路、室内风机电路、辅助电加热器电路、压缩机-室外风机-四通阀线圈电路。

室外机电控系统：设有交流接触器和电容等。

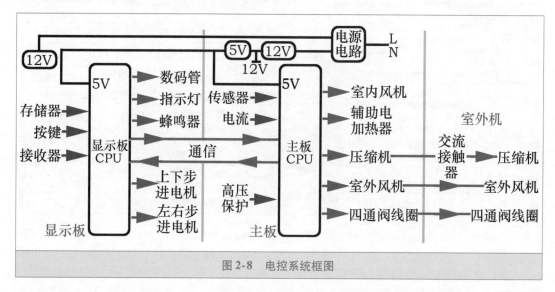

图2-8　电控系统框图

第二节　单元电路

见图2-9，本机主板和显示板反面大量使用贴片元器件，可降低成本并提高稳定性。由于显示板和主板的 CPU 均位于反面，为使实物图中标注清晰，在正面的对应位置使用纸片代替 CPU。

此处需要说明的是，在本节的单元电路实物图中，只显示正面的元器件，如果实物图与单元电路原理图相比，缺少电阻、电容、二极管等元器件，是这些元器件使用贴片元器件，安装在主板或显示板反面。

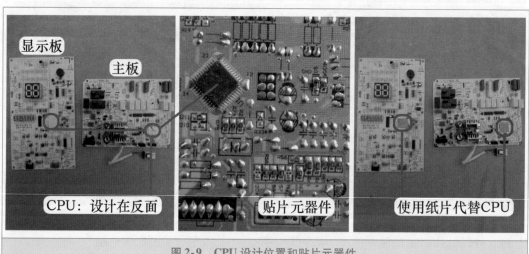

图2-9　CPU 设计位置和贴片元器件

一、 电源电路

电源电路位于主板，电路原理图见图 2-10，实物图见图 2-11，关键点电压见表 2-1，作用是为室内机主板和显示板提供直流 12V 和 5V 电压。主要由变压器、整流二极管、滤波电容、2 个 7812 和 1 个 7805 稳压块组成，本机变压器二次绕组为 2 路输出型，输出的 2 路交流电压经相对独立的整流滤波电路成为直流电压，分别为 7812 和 7805 供电。

室内机接线端子上 2 号相线和 N（1）零线为室内机主板供电。5A 熔丝管（俗称保险管）FU630 和压敏电阻 RV630 组成过电压保护电路，当输入电压正常时对电路没有影响；而当输入电压高于交流 380V 时，压敏电阻 RV630 迅速击穿，将前端熔丝管 FU630 熔断，从而保护主板后级电路免受损坏。电容 C632 为高频旁路电容，用以旁路电源引入的高频干扰信号。

交流电源 L 端相线经熔丝管、N 端直接送至插座 TR-IN，形成交流 220V 电压，为变压器一次绕组供电，变压器开始工作，二次绕组输出 2 路不同的较低电压送至室内机主板。

变压器二次绕组白-白引线输出约交流 14V 电压，经 PTC 电阻 RT2 限流后，送至由 D394 ~ D397 共 4 个二极管组成的桥式整流电路，变为约 17V 脉动直流电（含有交流成分），经电容 C420 滤波，滤除其中的交流成分，成为纯净直流电送至 7812 稳压块 V390 的 ①脚输入端，经 7812 内部电路稳压后由 ③脚输出稳定的直流 12V 电压，为主板继电器和反相驱动器供电；直流 12V 的一个支路送至 7805 稳压块 V391 的 ①脚输入端，经 7805 内部电路稳压后由 ③脚输出稳定的直流 5V 电压，为主板和显示板的 CPU 等弱电信号电路供电。

变压器二次绕组黄-黄引线输出约交流 15V 电压，经 D390 ~ D393 整流、C390 滤波，成为纯净的约直流 19V 电压，送至 7812 稳压块 V392 的 ①脚输入端，经 7812 内部电路稳压后由 ③脚输出稳定的直流 12V 电压，为显示板的上下步进电机和左右步进电机电路供电。

➡ 说明：直流 12V 支路中 7812 稳压块 V390、V392 的 ②脚地，和直流 5V 支路中 7805 稳压块 V391 的 ②脚地直接相连，即直流 12V 和 5V 电压负极为同一电位。

表 2-1 电源电路关键点电压

一次绕组	二次绕组白-白引线	V390 ①脚	V390 ③脚	V391 ①脚	V391 ③脚	二次绕组黄-黄引线	V392 ①脚	V392 ③脚
AC 224V	AC 14.1V	DC 17.6V	DC 12V	DC 12V	DC 5V	AC 14.9V	DC 19.4V	DC 12V

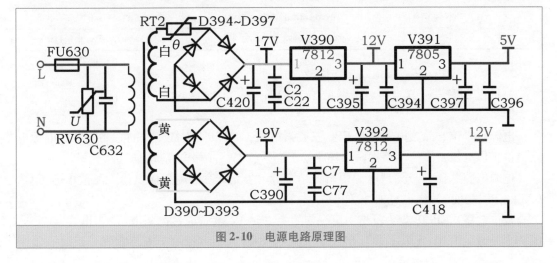

图 2-10 电源电路原理图

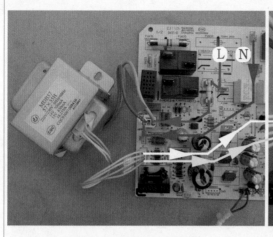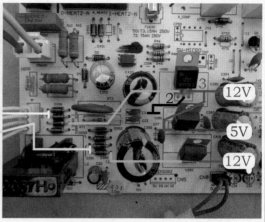

图 2-11 电源电路实物图

二、 CPU 三要素电路

CPU 是一个大规模的集成电路，是整个电控系统的控制中心，内部写入了运行程序（或工作时调取存储器中的程序）。同时 CPU 是主板或显示板上体积最大、引脚最多的器件。现在主板 CPU 的引脚功能都是空调器厂家结合软件来确定的，也就是说同一型号的 CPU 在不同空调器厂家主板上引脚作用是不一样的。

1. 显示板 CPU 主要引脚功能

本机显示板 CPU 使用东芝芯片，型号为 TMP89FM42UG，显示板代号为 U1，为贴片器件，共有 44 个引脚，分为 4 面引出，主要引脚功能见表 2-2。

表 2-2 显示板 CPU 主要引脚功能

三要素电路	⑤：电源	①：地	⑧：复位	②-③：晶振
通信电路	㉝：信号输入	㉞：信号输出	存储器电路	⑮：数据	⑯：时钟
输入电路	⑩：遥控	㉑-㉒：按键		
输出电路	㊵-㊴：蜂鸣器	⑲-⑱-⑰-⑭：左右步进电机		㊶-㊷-㊸-㊹：上下步进电机
	㉓-㉔-㉕-㉖-㉗-㉘-㉙-㉚：指示灯正极		㉛-㉜-㉟-㊱-㊲：指示灯负极	

2. 显示板 CPU 三要素电路工作原理

显示板 CPU 三要素电路原理图见图 2-12 左图，实物图见图 2-12 右图，关键点电压见表 2-3。

电源、复位、晶振电路称为 CPU 三要素电路，是 CPU 正常工作的必要条件。电源电路提供工作电压，复位电路将内部程序处于初始状态，晶振电路提供时钟频率。

电源电路：CPU⑤脚是电源引脚，由 7805 的③脚输出端直接供给。滤波电容 C21、C25 的作用是使 5V 供电更加纯净和平滑。

复位电路：CPU⑧脚为复位引脚，初始上电时 5V 电压通过电阻 R122 为电容 C120 充电，正极电压由 0V 逐渐上升至 5V，因此 CPU⑧脚电压、相对于电源⑤脚要延时一段时间（一般为几十毫秒），将 CPU 内部程序清零，对各个端口进行初始化。

晶振电路：也称为时钟电路，为 CPU 提供时钟频率。CPU②、③脚为晶振引脚，内部电路与外围元器件 B700（晶振）、电阻 R701 组成时钟电路，提供 4MHz 稳定的时钟频率，使 CPU 能够连续执行指令。

表 2-3　显示板 CPU 三要素电路关键点电压

⑤脚：电源	①脚：地	⑧脚：复位	②脚：晶振	③脚：晶振
5V	0V	5V	2.2V	2.3V

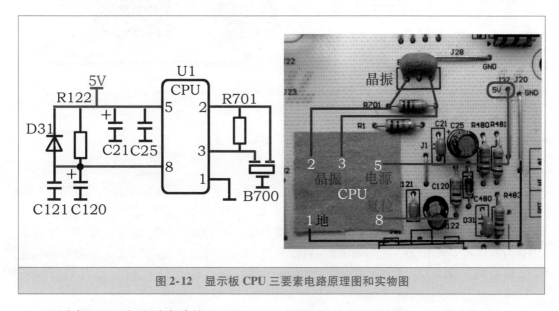

图 2-12　显示板 CPU 三要素电路原理图和实物图

3. 主板 CPU 主要引脚功能

本机主板 CPU 也使用东芝芯片，型号为 TMP89FM42UG，和显示板 CPU 相同。经过厂家结合软件修改后，主板 CPU 除三要素引脚功能相同外，其他引脚功能均与显示板 CPU 不相同，主要引脚功能见表 2-4。

表 2-4　主板 CPU 主要引脚功能

三要素电路	⑤：电源	①：地	⑧：复位	②-③：晶振	
通信电路	㊷：信号输入	㊶：信号输出			
输入电路	㉑：室内环温	㉒：室内管温	㉕：室外管温	㉖：电流检测	⑥：高压保护
输出电路	室内风机	⑲：超强	⑪：高风	⑭：中风	⑰：低风
	㊹：辅助电加热器	㉟：压缩机	㊱：室外风机	㉘：四通阀线圈	

4. 主板 CPU 三要素电路工作原理

主板 CPU 三要素电路原理图见图 2-13 左图，实物图见图 2-13 右图。

由于 CPU 型号和显示板 CPU 相同，因此其工作原理和关键点电压也相同，参见显示板 CPU 工作原理。

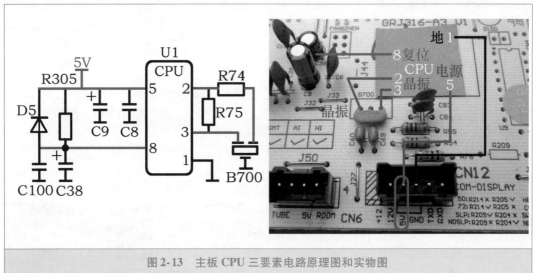

图 2-13 主板 CPU 三要素电路原理图和实物图

三、 通信电路

1. 连接线

见图 2-14，显示板和主板使用 1 束 5 根的连接线连接，引线标识分别为 12V、GND（地）、5V、TXD（信号输出或发送数据）、RXD（信号输入或接收数据）。其中 12V、GND、5V 为供电，由主板输出、为显示板提供电源；TXD、RXD 为数据传送，显示板 TXD 对应连接主板 RXD、显示板 RXD 对应主板 TXD，即显示板 CPU 发送的数据直接送至主板 CPU 的接收端，主板 CPU 发送的数据直接送至显示板 CPU 的接收端。

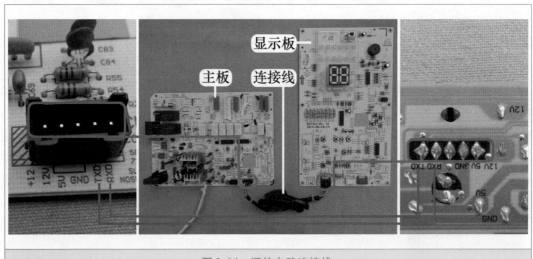

图 2-14 通信电路连接线

2. 工作原理

通信电路原理图见图 2-15，实物图见图 2-16，关键点电压见表 2-5。

当主板 CPU 需要将当前的数据（比如室内环温和管温温度值、高压压力开关状态等）

向显示板 CPU 发送时，其㊶脚输出信号经电阻 R54、主板 TXD 端子、连接线中棕线、显示板 RXD 端子、电阻 R99 至显示板 CPU 的㉝脚，显示板 CPU 经内部电路计算得出主板 CPU 发送的数据内容，经处理后在显示屏显示数码等。

当显示板 CPU 需要将当前的数据（比如接收遥控器的设定温度、存储器存储的数值等）向主板 CPU 发送时，其㉞脚输出信号经电阻 R100、显示板 TXD 端子、连接线中红线、主板 RXD 端子、电阻 R55 至主板 CPU 的㊷脚，主板 CPU 经内部电路计算得出显示板 CPU 发送的数据内容，经处理后控制室内风机或室外机负载等。

主板 CPU 和显示板 CPU 通过通信电路进行数据交换，实时得出空调器当前的工作状态，从而对电控系统进行控制。

表 2-5 通信电路关键点电压

主板 TXD-显示板 RXD-棕线	主板 RXD-显示板 TXD-红线
3.8~5V	3.8~5V

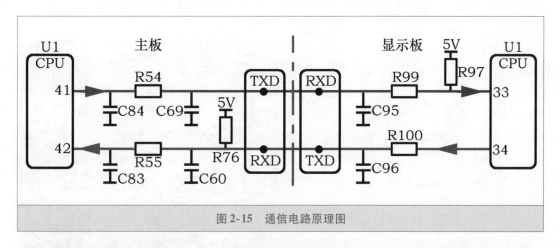

图 2-15 通信电路原理图

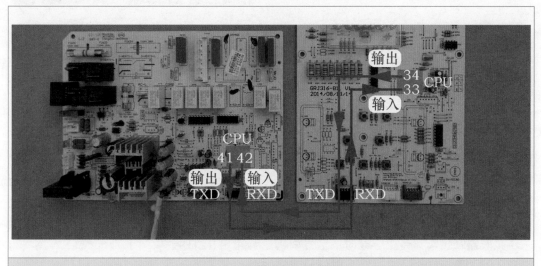

图 2-16 通信电路实物图

四、 存储器电路

存储器电路位于显示板，电路原理图见图 2-17 左图，实物图见 2-17 右图，关键点电压见表 2-6，其作用是向 CPU 提供工作时所需要的数据。

本机存储器型号为 24C04，通信过程采用 I^2C 总线方式，即 IC 与 IC 之间的双向传输总线，它有两条线：串行时钟线（SCL）和串行数据线（SDA）。时钟线传递的时钟信号由 CPU 输出，存储器只能接收；数据线传送的数据是双向的，CPU 可以向存储器发送信号，存储器也可以向 CPU 发送信号。

表 2-6 存储器电路关键点电压

存储器 24C04 引脚				CPU 引脚	
①-②-③-④-⑦脚	⑧脚	⑤脚	⑥脚	⑮脚	⑯脚
0V	5V	5V	5V	5V	5V

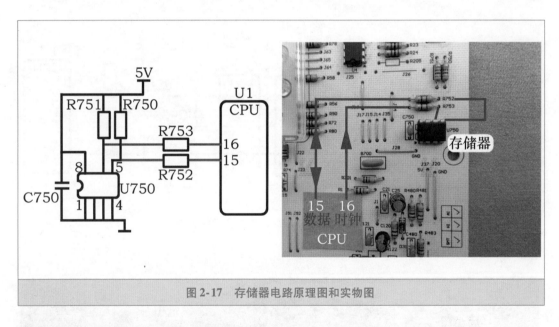

图 2-17 存储器电路原理图和实物图

五、 接收器电路

接收器电路位于显示板，电路原理图见图 2-18，实物图见图 2-19，关键点电压见表 2-7，其作用是接收遥控器发送的红外线信号、处理后送至 CPU 引脚。

遥控器发射含有经过编码的调制信号以 38kHz 为载波频率，发送至位于显示板上的接收器 REC480，REC480 将光信号转换为电信号，并进行放大、滤波、整形，经电阻 R481、R483 送至 CPU⑩脚，CPU 内部电路解码后得出遥控器的按键信息，从而对电路进行控制；CPU 每接收到遥控信号后均会控制蜂鸣器响一声给予提示。

接收器在接收到遥控信号时，信号引脚由静态电压 5V 会瞬间下降至约 3V，然后再迅速上升至静态电压。遥控器发射信号时间约 1s，接收器接收到遥控信号时信号引脚电压也有约 1s 的时间瞬间下降。

表 2-7　接收器电路关键点电压

	接收器信号引脚电压	CPU⑩脚电压
遥控器未发射信号	4.96V	4.96V
遥控器发射信号	约3V	约3V

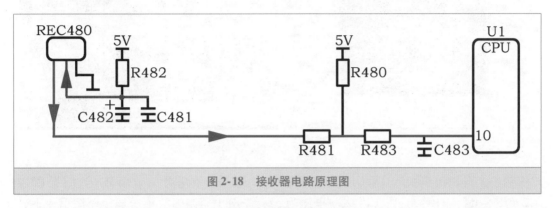

图 2-18　接收器电路原理图

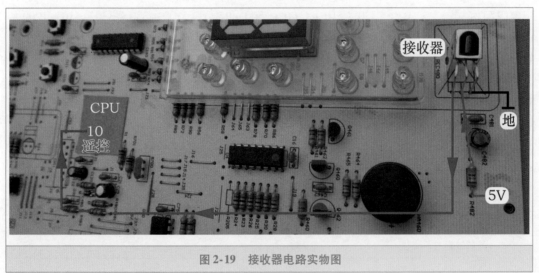

图 2-19　接收器电路实物图

六、　按键电路

1. 显示屏面板按键

本机显示屏面板分为显示屏和按键两个区域，见图 2-20，其中按键区域共设有 8 个按键，显示板也设有 8 个按键，两者一一对应。

2. 工作原理

按键电路位于显示板，电路原理图见图 2-21，实物图见图 2-22，按键状态与 CPU 引脚电压对应关系见表 2-8。

显示屏面板功能按键设有 8 个，而 CPU 只有㉑脚、㉒脚共两个引脚检测按键，每个引脚负责 4 个按键，基本的工作原理为分压电路，上分压电阻为 R22/R7，按键和串联电阻为下分压电阻，CPU㉑脚、㉒脚根据电压值判断按下按键的功能，从而对整机进行控制。

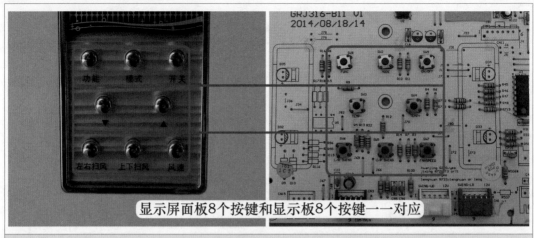

图 2-20　显示屏面板和显示板按键相对应

例如，当 SW9 开关（ON/OFF）按键按下时，上分压电阻为 R7，下分压电阻为 R3 + R12 + R6 + R4 + R10 + R11，CPU㉒脚电压为 5 × [下分电阻阻值/（上分压电阻阻值 + 下分压电阻阻值）] = 5 × （330 + 330 + 510 + 1200 + 1500 + 150）/（5100 + 330 + 330 + 510 + 1200 + 1500 + 150）≈2.2V，CPU 通过计算，得出"开关"键被按压一次，根据状态进行控制：如当前为运行状态，则控制空调器关机；如当前为待机状态，则控制空调器开机运行。

表 2-8　按键状态与 CPU 引脚电压对应关系

中文名称	英文符号	板　号	按下时 CPU ㉑脚电压	中文名称	英文符号	板　号	按下时 CPU ㉒脚电压
左右扫风	L/R SWING	SW6	0.3V	上下扫风	U/P SWING	SW5	0.3V
风速	FANSPEED	SW7	0.9V	温度上调	TEMP +	SW4	0.9V
功能	FUNC	SW8	1.6V	模式	MODE	SW2	1.6V
温度下调	TEMP –	SW3	2.2V	开关	ON/OFF	SW9	2.2V

注：按键均未按下时，CPU㉑脚、㉒脚电压为直流 5V。

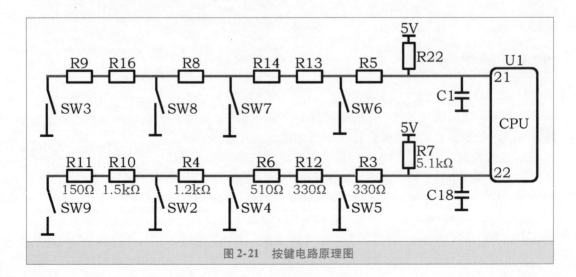

图 2-21　按键电路原理图

图 2-22　按键电路实物图

七、　传感器电路

1. 传感器数量

本机设有 3 个传感器，见图 2-23，即室内环温（ROOM）传感器、室内管温（TUBE）传感器、室外管温（OUTTUBE）传感器，其中室内环温和室内管温传感器共用一个插头，室外管温传感器通过对接插头连接。

室内环温传感器向 CPU 提供房间温度，与遥控器设定温度相比较，控制空调器的运行与停止；室内管温传感器向 CPU 提供蒸发器温度，在制冷系统进入非正常状态时保护停机；室外管温传感器向 CPU 提供冷凝器温度，通常用于制热模式时除霜的进入和退出条件。

图 2-23　传感器和插座

2. 工作原理

传感器电路位于主板，电路原理图见图 2-24，实物图见图 2-25。室内环温、室内管温、室外管温 3 路传感器电路工作原理相同，以室内环温（ROOM）传感器为例介绍工作原理。

室内环温传感器（负温度系数热敏电阻）和电阻 R59（15kΩ）组成分压电路，R59 两端电压即 CPU㉑脚电压的计算公式为：5 × R59/（环温传感器阻值 + R59）；室内环温传感器阻值随房间温度的变化而变化，CPU㉑脚电压也相应变化。室内环温传感器在不同的温度有相应的阻值，CPU㉑脚有相应的电压值，室内房间温度与 CPU㉑脚电压为成比例的对应关系，CPU 根据不同的电压值计算出实际房间温度。

格力空调器的室内环温传感器使用 25℃/15kΩ 型，25℃ 时阻值为 15kΩ，其温度阻值与 CPU㉑脚电压对应关系见表 2-9；室内管温和室外管温传感器使用 25℃/20kΩ 型，25℃ 时阻值为 20kΩ，其温度阻值与 CPU㉒、㉕脚电压对应关系见表 2-10。

表 2-9　室内环温传感器温度阻值与 CPU 引脚电压对应关系

温度/℃	−10	0	5	15	25	30	50	60	70
阻值/kΩ	82.7	49	38.1	23.6	15	12.1	5.4	3.7	2.6
CPU㉑脚电压/V	0.77	1.17	1.41	1.94	2.5	2.77	3.67	4	4.26

表 2-10　室内管温-室外管温传感器温度阻值与 CPU 引脚电压对应关系

温度/℃	−10	0	5	15	25	30	50	60	70
阻值/kΩ	110.3	65.3	50.8	31.5	20	16.1	7.2	4.9	3.5
CPU㉒、㉕脚电压/V	0.77	1.17	1.41	1.94	2.5	2.77	3.67	4	4.26

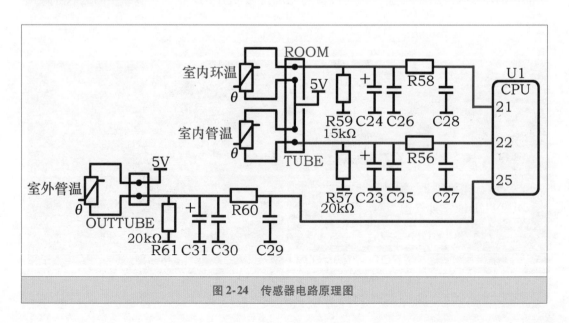

图 2-24　传感器电路原理图

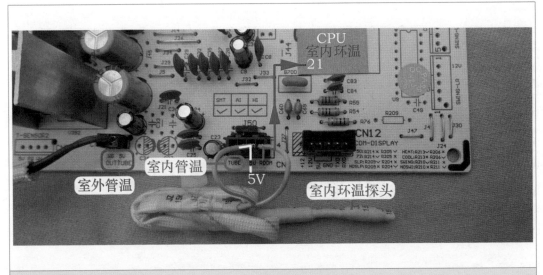

图 2-25　传感器电路实物图

八、　电流检测电路

1. 电流互感器

见图 2-26，电流互感器其实也相于一个变压器，一次绕组为在中间孔穿过的电源引线（通常为压缩机引线），二次绕组安装在互感器上。

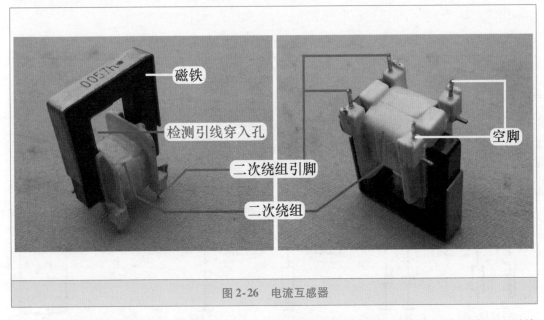

图 2-26　电流互感器

在室内机接线端子中，见图 2-27，有 1 根较粗的引线连接 L 端子和 2 号端子，引线较长，可以穿入主板上电流互感器的中间孔，使主板 CPU 可以检测 2 号端子的实时电流，而 2 号端子上方引线为室内机主板供电，下方引线去室外机的接线端子上连接交流接触器输入端为压缩机供电，说明主板 CPU 检测整机运行电流（不包括辅助电加热器电流）。

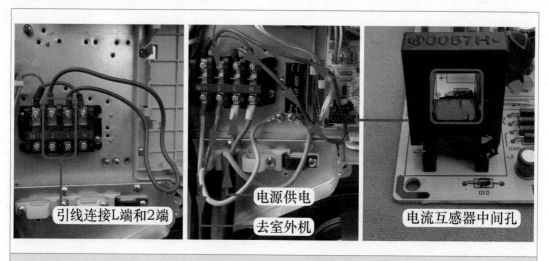

图 2-27　检测 L 端相线

2. 工作原理

电流检测电路位于主板，电路原理图见图 2-28，实物图见图 2-29，整机运行电流与 CPU 引脚电压的对应关系见表 2-11。

当接线端子 2 号端子引线（相当于一次绕组）有电流通过时，电流互感器 L2 在二次绕组感应出成比例的电压，经 D10 整流、C20 滤波、R51 和 R52 分压，由 R53 送至 CPU 的㉖脚（电流检测引脚）。CPU㉖脚根据电压值计算出整机实际运行电流值，再与内置数据相比较，即可计算出整机运行电流工作是否正常，从而进行控制。

表 2-11　整机运行电流与 CPU 引脚电压对应关系

整机电流/A	0.48	1.1	2.8	4.8	7.8	10	13.4	16.1	20.7	25.6
L2 交流电压/V	0.13	0.27	0.69	1.43	2.33	2.8	4	4.84	6.2	7.3
CPU 直流电压/V	0.03	0.17	0.27	0.59	1.1	1.72	2.1	2.6	3.42	4.24

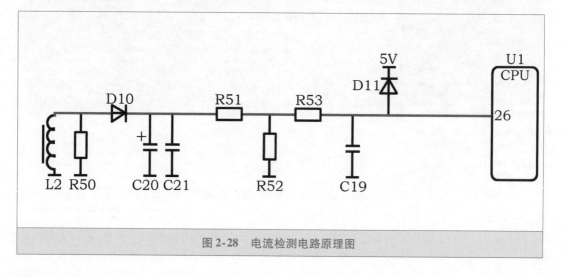

图 2-28　电流检测电路原理图

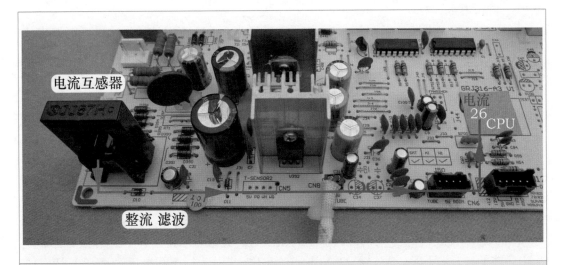

图 2-29　电流检测电路实物图

九、 高压保护电路

目前的 3P 空调器通常情况下室外机不设高压压力保护装置，但由于本机使用新型制冷剂 R32 为可燃无气味，且在一定的条件下能燃烧爆炸，为保证安全，增加高压压力开关，并在主板设有相关电路。

1. 高压压力开关

安装位置和实物外形见图 2-30，压力开关（压力控制器）是将压力转换为触点接通或断开的器件，高压压力开关作用是检测压缩机排气管的压力。本机使用型号为 YK-4.4/3.8 的高压压力开关，动作压力为 4.4MPa、恢复压力为 3.8MPa。即压缩机排气管压力高于 4.4MPa 时压力开关的触点断开、低于 3.8MPa 时压力开关的触点闭合。

图 2-30　高压压力开关

2. 工作原理

高压压力开关电路位于主板，电路原理图见图 2-31，实物图见 2-32，电路电压与整机状态的对应关系见表 2-12，由室外机高压压力开关、室内外机连接线、主板组成。

空调器上电后，室外机高压压力开关的触点处于闭合状态。室外机接线端子上 N 端（蓝线）接高压压力开关，另一端（黄线）经室内外机连接线中的黄线送至主板上 HPP 端子（黄线），此时为零线 N，与主板 L 端形成交流 220V，经电阻 R43、R42、R44、R45 降压、二极管 D3 整流、电容 C4 滤波，在光耦合器 U7 初级侧形成约直流 1.1V 电压，U7 内部发光二极管发光，次级侧光敏晶体管导通，5V 电压经电阻 R48、U7 次级侧送到 CPU⑥脚，为高电平约直流 4.6V，CPU 根据高电平 4.6V 判断高压保护电路正常，处于待机状态。

待机或开机状态下由于某种原因引起高压压力开关触点断开，即 N 端零线开路，主板 HPP 端子与 L 端不能形成交流 220V 电压，光耦合器 U7 初级侧电压约直流 0.8V，U7 初级侧发光二极管不能发光，次级侧断开，5V 电压经电阻 R48 断路，CPU⑥脚经电阻 R49 接地为低电平约 0V，CPU 根据低电平 0V 判断高压保护电路出现故障，3s 后立即关闭所有负载，报出 E1 的故障代码，指示灯持续闪烁。

表 2-12　高压保护电路电压与整机状态的对应关系

高压压力开关 触点状态	主板 HPP 与 L 端电压	U7 初级 侧电压	U7 次级 侧状态	CPU⑥脚电压	整机状态
闭合	AC 220V	DC 1.1V	导通	DC 4.6V	正常
断开	AC 0V	DC 0.8V	断开	DC 0V	E1

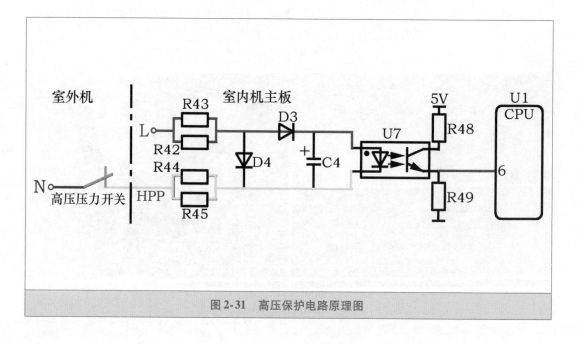

图 2-31　高压保护电路原理图

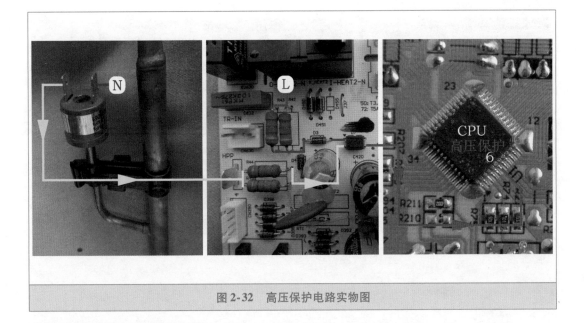

图 2-32　高压保护电路实物图

十、　蜂鸣器电路

蜂鸣器电路位于显示板，电路原理图见图 2-33，实物图见图 2-34，电路作用主要是提示已接收遥控信号或按键信号，并且已处理。本机使用蜂鸣器发出的声音为和弦音，而不是单调"滴"的一声。

CPU 设有两个引脚（㊴、㊵脚）输出信号，经过 Q460、Q462、Q461 共 3 个晶体管放大后，驱动蜂鸣器发出预先录制的声音。

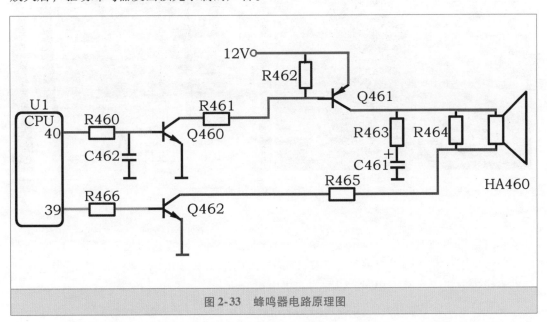

图 2-33　蜂鸣器电路原理图

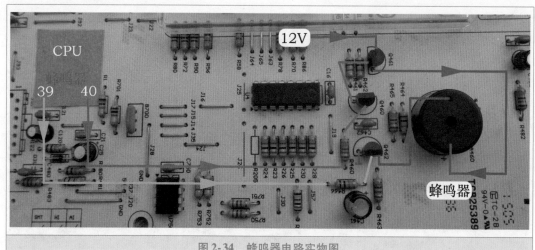

图 2-34　蜂鸣器电路实物图

十一、步进电机驱动电路

1. 驱动方式

早期空调器室内机使用交流 220V 供电的同步电机驱动左右风门叶片转动，上下风门叶片为手动旋转。本机上下风门叶片和左右风门叶片均为自动转动，见图 2-35，且使用由直流 12V 供电的步进电机驱动，即上下步进电机和左右步进电机。

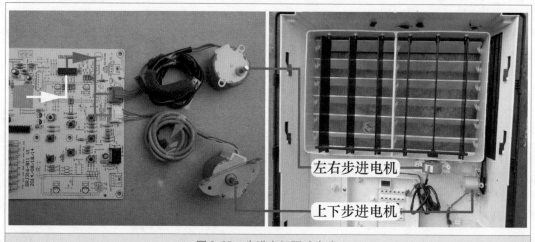

图 2-35　步进电机驱动方式

2. 工作原理

步进电机驱动电路位于显示板，电路原理图见图 2-36，实物图见图 2-37，CPU 引脚电压与步进电机状态的对应关系见表 2-13，其作用是驱动步进电机转动。上下步进电机和左右步进电机工作原理相同，以左右步进电机为例。

CPU⑲～⑰、⑭输出步进电机驱动信号，经电阻 R45～R48 至反相驱动器（2003）U3 的输入端①～④脚，U3 将信号放大后在⑯～⑬脚反相输出，驱动步进电机线圈，步进电机按 CPU 控制的角度开始转动，带动风门叶片左右转动，使房间内送风均匀，到达用户需要的地方。

步进电机线圈驱动方式为 4 相 8 拍,共有 4 组线圈,电机每转一圈需要移动 8 次。线圈以脉冲方式工作,每接收到一个脉冲或几个脉冲,电机转子就移动一个位置,移动距离可以很小。显示板 CPU 经反相驱动器反相放大后将驱动脉冲加至步进电机线圈,如供电顺序为:A- AB- B- BC- C- CD- D- DA- A…,电机转子按顺时针方向转动,经齿轮减速后传递到输出轴,从而带动风门叶片摆动;如供电顺序转换为:A- AD- D- DC- C- CB- B- BA- A…,电机转子按逆时针转动,带动风门叶片朝另一个方向摆动。

表 2-13　CPU 引脚电压与步进电机状态对应关系

CPU: ⑲- ⑱- ⑰- ⑭	U3: ①- ②- ③- ④	U3: ⑯- ⑮- ⑭- ⑬	左右步进电机状态
1.9V	1.2V	7.7V	运行
0V	0V	12V	停止

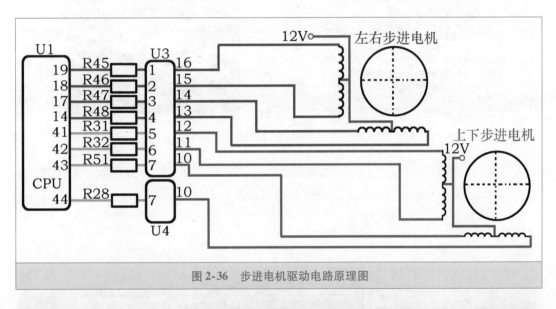

图 2-36　步进电机驱动电路原理图

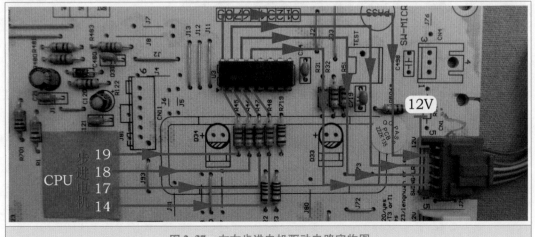

图 2-37　左右步进电机驱动电路实物图

十二、 显示屏电路

1. 显示方式

本机使用 LED 大屏显示方式。见图 2-38，从正面看其使用文字图案 + LED 数码管组合的方式，但取下前面罩后检查显示板时，可发现全部使用发光二极管，即显示板发光二极管和显示屏处的文字图案相对应，2 位数码管和显示窗口相对应。

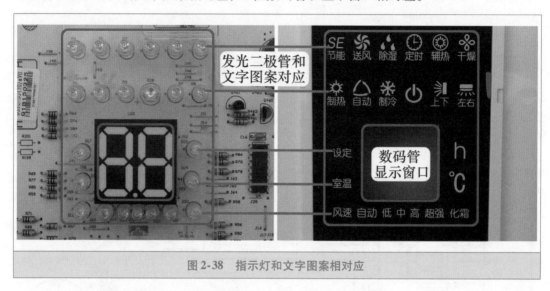

图 2-38　指示灯和文字图案相对应

见图 2-39 左图和中图，当空调器重新上电显示屏 CPU 复位时，会控制发光二极管和 2 位数码管全亮显示，从室内机前方查看，文字图案 + 数码管也全亮显示。

当显示屏 CPU 根据遥控器指令或其他程序需要单独显示时，见图 2-39 右图，显示屏 CPU 会根据需要点亮发光二极管、2 位数码管显示字符。

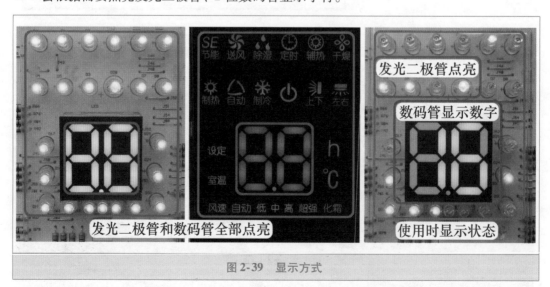

图 2-39　显示方式

2. 工作原理

显示屏电路位于显示板，由于全部使用 LED 发光二极管作为显示光源，发光二极管数量较多，共使用 24 个指示灯、2 位数码管共 8 个驱动引脚，相当于 32 个指示灯，控制电路也较为复杂，因此显示电路发光二极管使用阵列连接方式，通过 U2（KIP65783AP）阳极放大、U4（ULN2003A）阴极扫描来实现点亮和熄灭，此种方式可最大程度减少 CPU 的引脚数量。

CPU（U1）共使用 13 个引脚用来驱动，其中 8 个引脚用来控制发光二极管的正极，经 U2（KIP65783AP）电流放大后，每个引脚驱动 4 个 LED 正极；再使用 5 个引脚用来控制负极，经 U4（ULN2003A）电流放大后，两个引脚驱动两位数码管两个公共端，3 个引脚分别驱动 8 个 LED 负极。

➡ 说明：KIP65783AP 为正相驱动器，即输入端为高电平时，其输出端为高电平；ULN2003A 为反相驱动器，即输入端为高电平时，其输出端为低电平。

32 个发光二极管显示原理相同，以 D30（对应的文字为"化霜"）为例，电路原理图和实物图见图 2-40，当显示屏需要"化霜"点亮时，CPU㉘脚输出高电平、U2 输入端⑥脚为高电平、输出端⑬脚为高电平，经电阻 R106、R90 限流后至发光二极管 D30 正极，同时 CPU㉛脚也输出高电平、U4 输入端⑥脚为高电平、输出端⑪脚为低电平，D30 两端具有电压差约直流 1.9V 而发光，显示屏"化霜"点亮；当需要 D30 熄灭时，CPU㉘、㉛脚输出低电平，U2、U4 停止工作，D30 因正极和负极电压差为 0V 而停止发光，显示屏"化霜"熄灭。

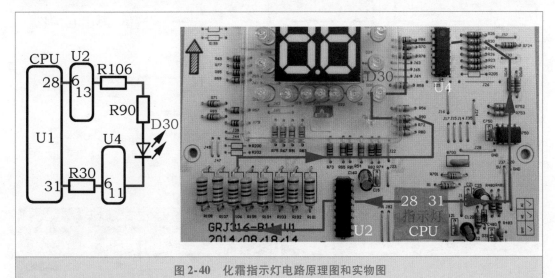

图 2-40　化霜指示灯电路原理图和实物图

十三、 室外机负载电路

1. 电路组成

室外机负载由压缩机、室外风机、四通阀线圈共 3 个组成，其电路位于主板，由 3 个继电器分别单独控制，作用是向压缩机、室外风机、四通阀线圈提供或断开交流 220V 电源，使制冷系统按 CPU 控制程序工作。

图 2-41 为室外机负载电路原理图，图 2-42 为实物图，表 2-14、表 2-15、表 2-16 分别为 CPU 引脚电压与压缩机、室外风机、四通阀线圈状态的对应关系。

表 2-14　CPU 引脚电压与压缩机状态对应关系

CPU ㉟脚	U2 ④脚	U2 ⑬脚	K441 线圈电压	K441 触点状态	交流接触器 线圈电压	交流接触器 触点状态	压缩机状态
4.9V	3.3V	0.8V	11.2V	闭合	交流 220V	闭合	工作
0V	0V	12V	0V	断开	交流 0V	断开	停止

表 2-15　CPU 引脚电压与室外风机状态对应关系

CPU ㊱脚	U3 ⑤脚	U3 ⑫脚	K339 线圈电压	K339 触点状态	室外风机状态
4.9V	3.3V	0.8V	11.2V	闭合	工作
0V	0V	12V	0V	断开	停止

表 2-16　CPU 引脚电压与四通阀线圈状态对应关系

CPU ㉘脚	U3 ④脚	U3 ⑬脚	K453 线圈电压	K453 触点状态	四通阀线圈状态
4.9V	3.3V	0.8V	11.2V	闭合	工作
0V	0V	12V	0V	断开	停止

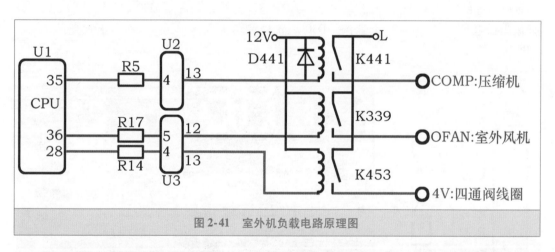

图 2-41　室外机负载电路原理图

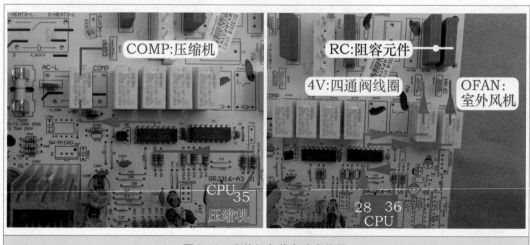

图 2-42　室外机负载电路实物图

2. 继电器触点闭合过程

3 路继电器电路的工作原理完全相同，此处以压缩机继电器为例进行介绍。

触点闭合过程见图 2-43，当 CPU 的㉟脚电压为高电平约 4.9V 时，经电阻 R5 限压后至 U2 反相驱动器的④脚输入端，电压约为 3.3V，U2 内部电路翻转，对应⑬脚输出端为低电平约 0.8V，继电器 K441 线圈得到约直流 11.2V 供电，产生电磁力使触点闭合，接通压缩机交流接触器线圈电压，其触点闭合，压缩机开始工作。

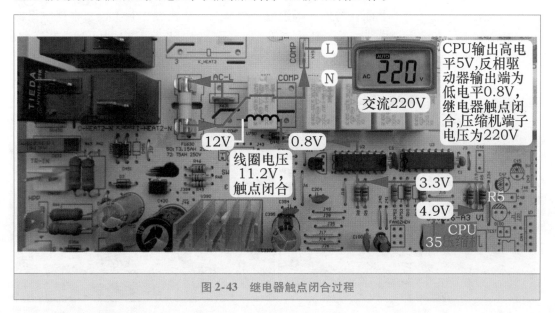

图 2-43 继电器触点闭合过程

3. 继电器触点断开过程

触点断开过程见图 2-44，当 CPU 的㉟脚为低电平 0V 时，U2 的④脚也为低电平 0V，内部电路不能翻转，其对应⑬脚输出端不能接地，K441 线圈两端电压为直流 0V，触点断开，因而交流接触器触点断开，压缩机停止工作。

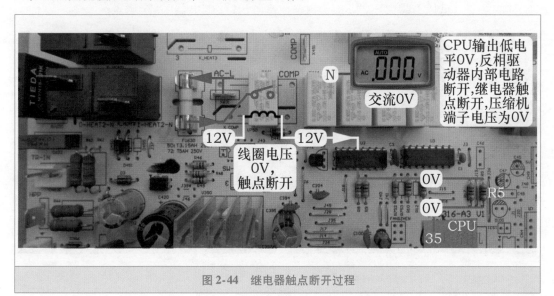

图 2-44 继电器触点断开过程

十四、 室内风机电路

1. 室内风机（离心电机）引线

见图 2-45，离心电机安装在室内机下部，用来驱动室内风扇（离心风扇）。离心电机驱动电路由主板上单元电路、电容、离心电机组成。

本机离心电机共有 8 根引线：1 根为地线，固定在电控系统铁皮，2 根为电容引线，直接插在电容的两个端子上面；另外 5 根组成 1 个插头，插头在主板上面，根据主板标识，作用如下：红线为公共端、黑线 H 为高风、黄线 M 为中风、蓝线 L 为低风、灰线 SH 为超强，根据引线作用可知离心电机共有 4 档转速。

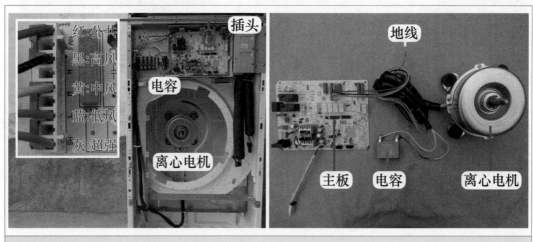

图 2-45　离心电机驱动电路组成

翻开主板至反面，见图 2-46，查看离心电机插座引针连接铜箔：公共端接零线 N，4 档转速引针分别直接连接 4 个继电器触点，高风 H 接继电器 K444 触点、中风 M 接继电器 K445 触点、低风 L 接继电器 K446 触点、超强 SH 接继电器 K447 触点。

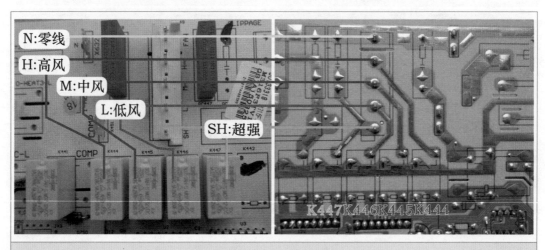

图 2-46　继电器触点连接插座引针

2. 电路原理

离心电机电路位于主板，电路原理图见图 2-47，实物图见图 2-48，CPU 引脚电压与离心电机高风转速的对应关系见表 2-17。

驱动原理为使用 4 路相同的继电器电路用来单独控制 4 个转速，即 CPU 控制继电器触点的接通和断开，为离心电机调速抽头供电，离心电机便运行在某档转速，本小节以离心电机高风为例介绍。

当显示板 CPU 接收到遥控器指令或其他程序需要控制离心电机高风运行时，将信息通过通信电路传送至主板 CPU，主板 CPU 接收后控制⑪脚输出高电平约 4.9V，同时⑲脚超强、⑭脚中风、⑰脚低风均为低电平 0V，以防止同时为离心电机其他调速抽头供电，主板 CPU⑪脚高电平 4.9V 经电阻 R8 限压，至 U2 反相驱动器的⑤脚输入端，电压约为 3.3V，U2 内部电路翻转，对应⑫脚输出端为低电平约 0.8V，继电器 K444 线圈得到约直流 11.2V 供电，产生电磁力使触点闭合，L 端供电经继电器 K444 触点至离心电机高风黑线抽头（同时其他调速抽头与 L 端断开）、与公共端（零线）红线 N 组成交流 220V 电压，在电容的作用下，离心电机便运行在高风转速。当主板 CPU 需要控制离心电机停止运行时，其⑪脚变为低电平 0V，U2 停止工作，继电器 K444 线圈电压为直流 0V，触点断开，离心电机因无供电而停止工作。

表 2-17　CPU 引脚电压与离心电机高风转速的对应关系

CPU ⑪脚	CPU ⑭脚	CPU ⑰脚	CPU ⑲脚	U2 ⑤脚	U2 ⑫脚	K444 线圈电压	K444 触点状态	离心电机状态
4.9V	0V	0V	0V	3.3V	0.8V	11.2V	闭合	高风运行
0V	0V	0V	0V	0V	12V	0V	断开	停止

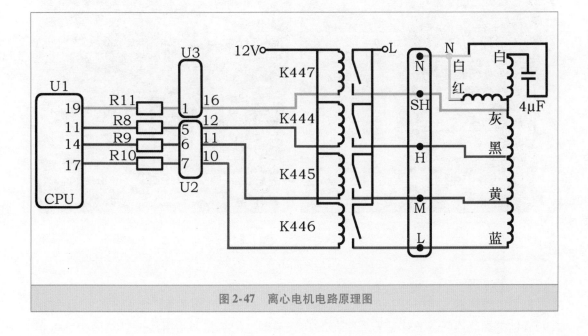

图 2-47　离心电机电路原理图

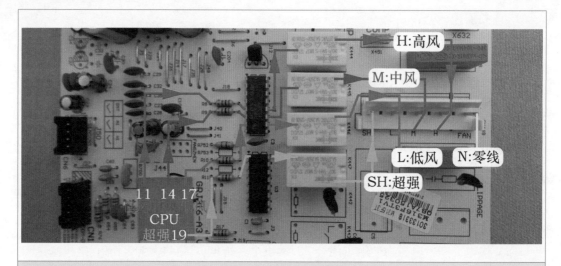

图 2-48　离心电机电路实物图

十五、　辅助电加热器电路

1. 辅助电加热器引线

见图 2-49，辅助电加热器安装在蒸发器前端中部，用来在制热模式下辅助提高制热效果。由于辅助电加热器功率较大，因此两根引线较粗且外部有绝缘护套包裹。两根引线（红线-蓝线）分别插在两个继电器的输出端子，L 端红线经继电器触点、熔丝管连接电源供电 L 棕线、N 端蓝线经继电器触点接电源供电 N 蓝线。

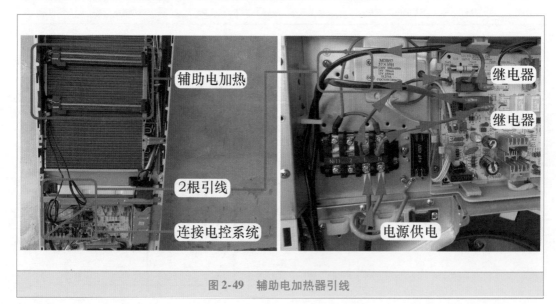

图 2-49　辅助电加热器引线

2. 工作原理

辅助电加热器电路位于主板，电路原理图见图 2-50，实物图见图 2-51，CPU 引脚电压与辅助电加热器状态的对应关系见表 2-18，辅助电加热器两根引线分别接两个继电器的端子，由主板 CPU 的⑭脚控制。由于 CPU 只使用 1 个引脚需要控制两个继电器，因此反相驱动器输入端①、②直接相连，其输出端分别连接对应继电器线圈，相当于将 2 路继电器电路并联；同时因主板 CPU 输出电流较小，不能直接驱动 2 路相连的反相驱动器，使用晶体管放大输出电流，保证电路的稳定性。

当主板 CPU 需要控制辅助电加热器运行时，⑭脚输出高电平约 4.9V，经电阻 R21 限压后至晶体管 Q8 基极，Q8 深度导通，5V 电压经晶体管集电极-发射极同时到 U2 反相驱动器的①脚和②脚输入端，其内部电路同时翻转，对应输出端⑯脚和⑮脚同时为低电平约 0.8V，继电器 K-HEAT1、K-HEAT2 线圈同时得到直流 11.2V 供电，触点同时闭合，L 端电压经熔丝管 FU633（20A）、K-HEAT1 触点至辅助电加热器的红线、N 端电压经 K-HEAT2 触点至辅助电加热器的蓝线，辅助电加热器 2 根引线为交流 220V，其 PTC 发热体开始发热，和蒸发器产生的热量叠加从室内机出风口吹出，从而提高房间温度。当主板 CPU 需要控制辅助电加热器停止运行时，其⑭脚为低电平约 0V，晶体管 Q8 截止，U2 的①和②脚电压为 0V，内部电路不能翻转，继电器 K-HEAT1、K-HEAT2 线圈电压为直流 0V，触点断开，辅助电加热器因无供电而停止发热。

➡ 说明：本机主板通过更改元器件可适用 2P-3P-5P 柜式空调器，如将本主板压缩机继电器更改为大功率继电器，可适用 2P 柜式空调器，如将本主板增加 1 个辅助电加热继电器等元器件，可适用于 5P 柜式空调器。

表 2-18　CPU 引脚电压与辅助电加热器状态对应关系

CPU ⑭脚	Q8 基极	Q8 发射极	U2 ①-②脚	U2 ⑯-⑮脚	K-HEAT1 K-HEAT2 线圈电压	K-HEAT1 K-HEAT2 触点状态	辅助电加热器状态
4.95V	4.9V	4.2V	4.2V	0.8V	11.2V	闭合	发热
0V	0V	0V	0V	12V	0V	断开	停止发热

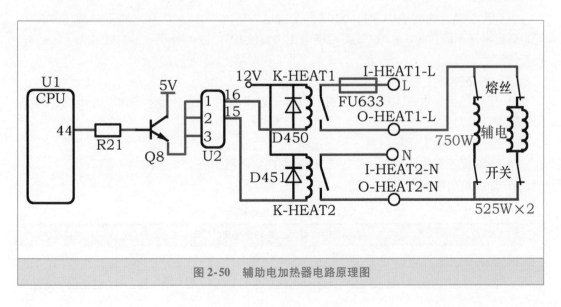

图 2-50　辅助电加热器电路原理图

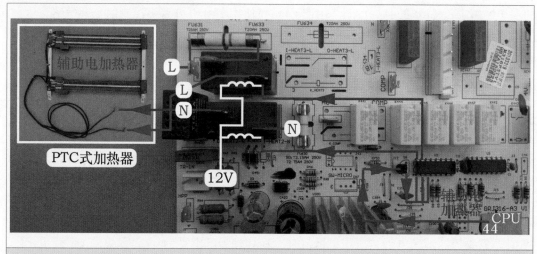

图 2-51　辅助电加热器电路实物图

十六、　压缩机电路

1. 单相 2P 空调器压缩机电路

（1）工作原理

图 2-52 为科龙 KFR-50LW/K2D1 柜式空调器压缩机电路原理图，图 2-53 为实物图，表 2-19 为 CPU 引脚电压与压缩机状态的对应关系。

CPU 控制压缩机流程：CPU→反相驱动器→继电器→压缩机。

当显示板 D101（CPU）的⑤脚电压为高电平 5V 时，送至 N103 反相驱动器的⑦脚输入端，N103 内部电路翻转，对应⑩脚输出端为低电平约 0.8V，主板上继电器 K209 线圈得到约直流 11.2V 供电，产生电磁力使触点闭合，压缩机端子电压为交流 220V，在电容的辅助起动下压缩机开始工作。

当 CPU⑤脚为低电平 0V 时，N103 的⑦脚也为低电平 0V，内部电路不能翻转，其对应⑩脚输出端不能接地，K209 线圈两端电压为直流 0V，触点断开，压缩机因无供电而停止工作。

（2）电路特点

1）压缩机由室内机主板的压缩机继电器触点供电，其继电器体积比室外风机、四通阀线圈继电器大。

2）室外机不设交流接触器。

3）压缩机工作电压为 1 路交流 220V，设在室内机主板。

4）压缩机由电容起动运行。

表 2-19　CPU 引脚电压与压缩机状态对应关系

CPU⑤脚	N103⑦脚	N103⑩脚	K209 线圈电压	K209 触点状态	压缩机状态
5V	5V	0.8V	11.2V	闭合	工作
0V	0V	12V	0V	断开	停止

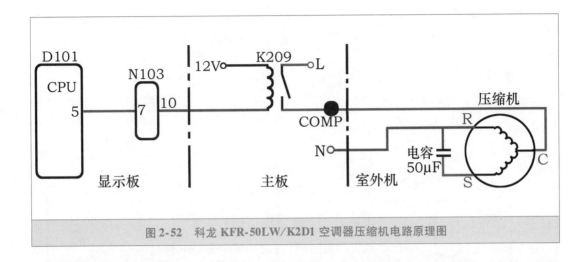

图2-52 科龙 KFR-50LW/K2D1 空调器压缩机电路原理图

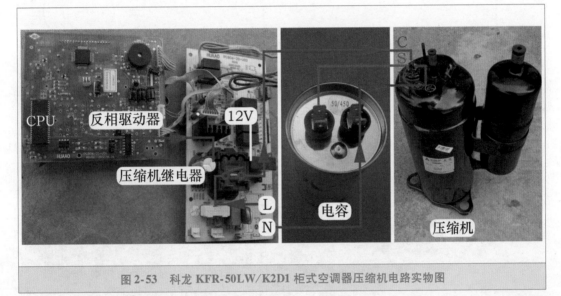

图2-53 科龙 KFR-50LW/K2D1 柜式空调器压缩机电路实物图

2. 单相 3P 空调器压缩机电路

（1）工作原理

图2-54 为格力 KFR-72LW/NhBa-3 柜式空调器压缩机电路原理图，图2-55 为实物图，表2-14 为 CPU 引脚电压与压缩机状态的对应关系。

CPU 控制压缩机流程：CPU→反相驱动器→继电器→单触点交流接触器→压缩机。

当 CPU 的㉟脚电压为高电平约 4.9V 时，经电阻 R5 限压后至 U2 反相驱动器的④脚输入端，电压约为 3.3V，U2 内部电路翻转，对应⑬脚输出端为低电平约 0.8V，继电器 K441 线圈得到约直流 11.2V 供电，产生电磁力使触点闭合，为室外机交流接触器线圈供电，其触点闭合，压缩机电压为交流 220V，在电容的辅助起动下开始工作。

当 CPU 的㉟脚为低电平 0V 时，U2 的④脚也为低电平 0V，内部电路不能翻转，其对应⑬脚输出端不能接地，K441 线圈两端电压为直流 0V，触点断开，因而交流接触器触点断开，压缩机因无供电停止工作。

（2）电路特点

1）压缩机由室外机的交流接触器触点供电，其室内机主板的继电器体积和室外风机、四通阀线圈继电器相同。

2）室外机设有交流接触器，根据空调器品牌不同，其触点为 1 路或 2 路。

3）压缩机工作电压为 1 路交流 220V，供电直接送至室外机接线端子。

4）压缩机由电容起动运行。

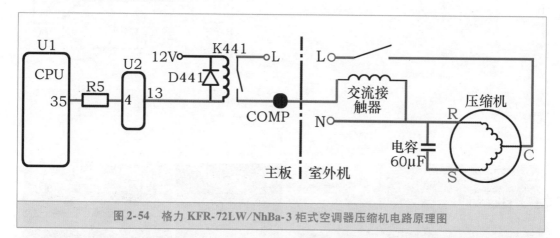

图 2-54　格力 KFR-72LW/NhBa-3 柜式空调器压缩机电路原理图

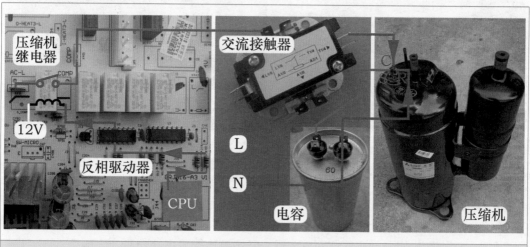

图 2-55　格力 KFR-72LW/NhBa-3 柜式空调器压缩机电路实物图

十七、 室外机电路

1. 组成

室外机电控系统见图 2-56，有压缩机、室外风机、四通阀线圈共 3 个；电控系统中设有高压压力开关、交流接触器、压缩机电容、室外风机电容、室外管温传感器等部件。

2. 工作原理

室外机电路的作用就是将室外机负载连接在一起，并向室内机输入室外管温传感器、高压压力开关等信号。

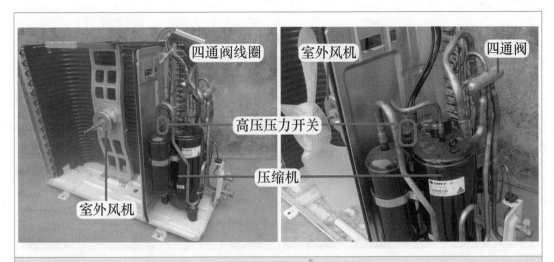

图 2-56　室外机电控系统主要元件

　　室外机电气接线图见图 2-57 左图，压缩机实物接线图见图 2-57 右图，室外风机实物接线图见图 2-58 左图，四通阀线圈实物接线图见图 2-58 右图，从图中可以看出，室外机实物接线均按室外机电气接线图连接。

　　（1）制冷模式

　　室内机主板的压缩机和室外风机继电器触点闭合，压缩机交流接触器触点闭合，从而接通 L 端供电，与电容共同作用使压缩机和室外风机起动运行，系统工作在制冷状态，此时四通阀线圈的引线无供电。

　　（2）制热模式

　　室内机主板的压缩机、室外风机、四通阀线圈继电器触点闭合，压缩机交流接触器触点闭合，从而接通 L 端供电，为压缩机、四通阀线圈、室外风机提供交流 220V 电源，压缩机、四通阀线圈、室外风机同时工作，系统工作在制热状态。

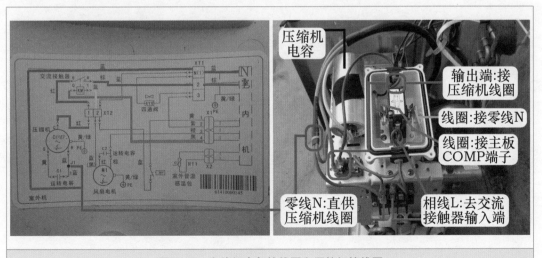

图 2-57　室外机电气接线图和压缩机接线图

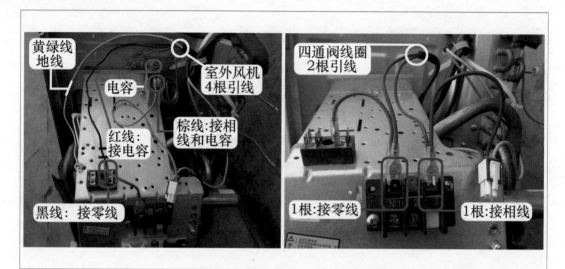

图 2-58　室外风机和四通阀线圈接线圈

第三章

三相供电柜式空调器电控系统

部分 3P 和全部 5P 柜式空调器使用三相 380V 供电，相对于单相 220V 供电的空调器，其单元电路基本相同，只有部分电路不同，因此本章中相同单元电路不再重复分析，只对不同电路做简单介绍。三相供电的 3P 和 5P 空调器，单元电路和工作原理基本相同。

在本章中，如无特别说明，均以格力 KFR-120LW/E（1253L）V-SN5 三相供电空调器为基础进行分析。

第一节 基础知识

一、 特点

1. 三相供电

1~3P 空调器通常为单相 220V 供电，见图 3-1 左图，供电引线共有 3 根：1 根相线（棕线）、1 根零线（蓝线）和 1 根保护地线（黄绿线），相线和零线组成单相（单相 L-N）供电即交流 220V。

部分 3P 或全部 5P 空调器为三相 380V 供电，见图 3-1 右图，供电引线共有 5 根：3 根相线、1 根零线和 1 根地线。3 根相线组成三相（L1，L2，L3），其中相电压（L1-L2、L1-L3、L2-L3）为交流 380V。

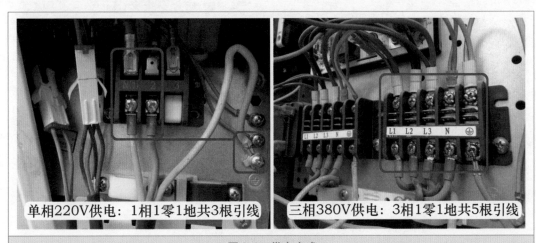

单相220V供电：1相1零1地共3根引线　　三相380V供电：3相1零1地共5根引线

图 3-1　供电方式

2. 压缩机供电和起动方式

见图 3-2 左图，单相供电空调器 1~2P 压缩机通常由室内机主板上继电器触点供电、3P 压缩机由室外机单触点或双触点交流接触器供电，压缩机均由电容起动运行。

见图 3-2 右图，三相供电空调器均由三触点交流接触器供电，且为直接起动运行，不需要电容辅助起动。

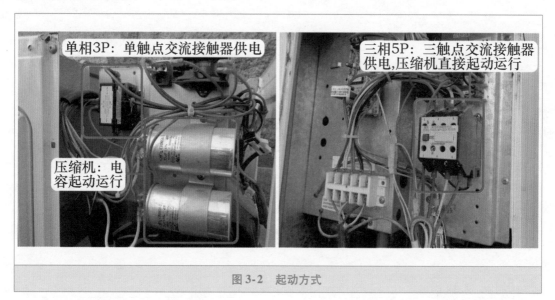

图 3-2　起动方式

3. 三相压缩机

（1）实物外形

部分 3P 和 5P 柜式空调器使用三相电源供电，对应压缩机有活塞式和涡旋式 2 种，实物外形见图 3-3，活塞式压缩机只使用在早期的空调器中，目前空调器基本上全部使用涡旋式压缩机。

图 3-3　活塞式和涡旋式压缩机

（2）端子标号

见图3-4，三相供电的涡旋式压缩机及变频空调器的压缩机，线圈均为三相供电，压缩机引出 3 个接线端子，标号通常为 T1-T2-T3 或 U-V-W 或 R-S-T 或 A-B-C。

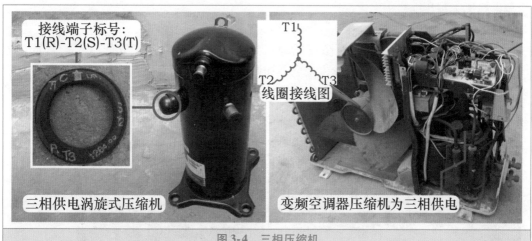

图3-4 三相压缩机

（3）测量接线端子阻值

三相供电压缩机线圈内置 3 个绕组，3 个绕组的线径和匝数相同，因此 3 个绕组的阻值相等。

使用万用表电阻档测量 3 个接线端子之间的阻值，见图3-5，T1-T2、T1-T3、T2-T3阻值相等，即 $R_{T1\text{-}T2} = R_{T1\text{-}T3} = R_{T2\text{-}T3}$，阻值均为 3Ω 左右。

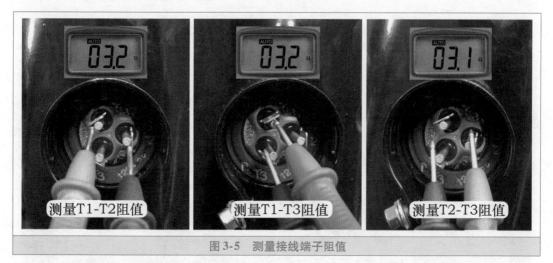

图3-5 测量接线端子阻值

4. 相序电路

因涡旋式压缩机不能反转运行，所以电控系统均设有相序保护电路。相序保护电路由于知识点较多，单设 1 节进行说明，见本章第二节。

5. 保护电路

由于三相供电空调器压缩机功率较大，为使其正常运行，通常在室外机设计了很多保护电路。

（1）电流检测电路

电流检测电路的作用是为了防止压缩机长时间运行在过电流状态，见图3-6左图，根据品牌不同，设计方式也不相同：如格力空调器通常检测2根压缩机供电电源引线，美的空调器检测1根压缩机供电电源引线。

（2）压力保护电路

压力保护电路的作用是为了防止压缩机运行时高压压力过高或低压压力过低，见图3-6右图，根据品牌不同，设计方式也不相同：如格力或目前的海尔空调器同时设有压缩机排气管压力开关（高压开关）和吸气管压力开关（低压开关），美的空调器通常只设有压缩机排气管压力开关。

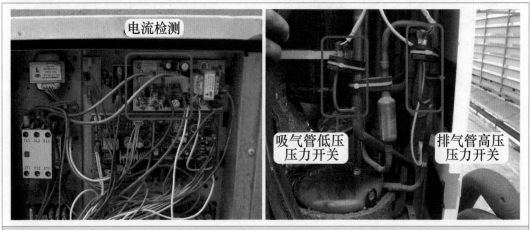

图3-6　电流检测和压力开关

（3）压缩机排气温度开关或排气传感器

见图3-7，压缩机排气温度开关或排气传感器的作用是为了防止压缩机在温度过高时长时间运行，根据品牌不同，设计方式也不相同：美的空调器通常使用压缩机排气温度开关，在排气管温度过高时其触点断开进行保护；格力空调器通常使用压缩机排气传感器，CPU可以实时监控排气管实际温度，在温度过高时进行保护。

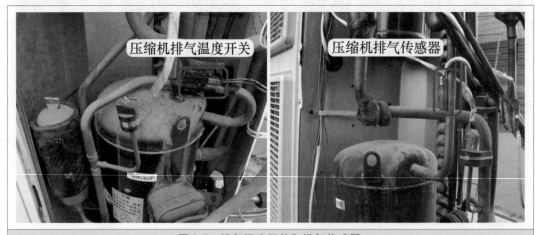

图3-7　排气温度开关和排气传感器

6. 室外风机形式

室外机通风系统中，见图 3-8，1~3P 空调器通常使用单风扇吹风为冷凝器散热，5P 空调器通常使用双风扇散热，但部分品牌的 5P 室外机也有使用单风扇散热的。

图 3-8　室外风机形式

二、　电控系统常见形式

1. 主控 CPU 位于显示板

见图 3-9，早期或目前格力空调器的电控系统中主控 CPU 位于显示板，CPU 和弱电信号处理电路均位于显示板，是整个电控系统的控制中心；室内机主板只是提供电源电路、继电器电路和保护电路等。

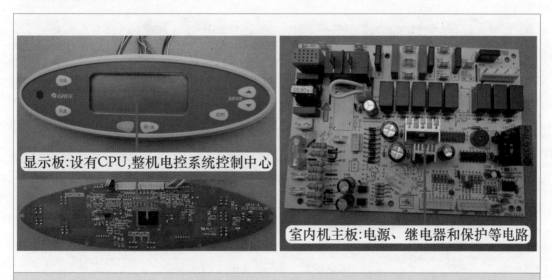

图 3-9　格力 KFR-120LW/E（1253L）V-SN5 空调器室内机主要元器件

见图3-10,室外机设有相序保护器(检测相序)、电流检测板(检测电流)、交流接触器(为压缩机供电)等器件。

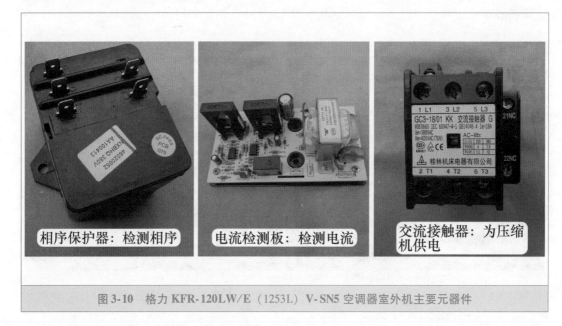

图3-10 格力 KFR-120LW/E (1253L) V-SN5 空调器室外机主要元器件

2. 主控 CPU 位于主板

见图3-11,电控系统中主控 CPU 位于主板,CPU 和弱电信号电路、电源电路、继电器电路等均位于主板,是电控系统的控制中心。

显示板只是被动显示空调器的运行状态,根据品牌或机型不同,可使用指示灯或显示屏显示。

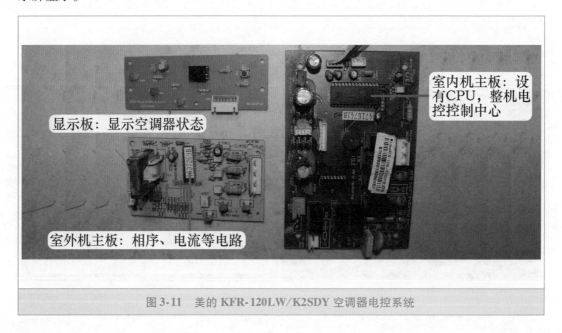

图3-11 美的 KFR-120LW/K2SDY 空调器电控系统

3. 主控 CPU 位于室内机主板和室外机主板

当主控 CPU 位于室内机主板或室内机显示板时，室内机和室外机需要使用较多的引线（格力某型号5P空调器除电源线外还使用9根），来控制室外机负载和连接保护电路。

因此目前空调器通常在室外机主板设有 CPU，见图3-12，且为室外机电控系统的控制中心；同时在室内机主板也设有 CPU，且为室内机电控系统的控制中心；室内机和室外机的电控系统只使用4根连接线（不包括电源线）。

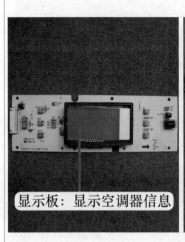

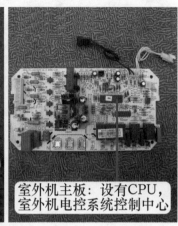

显示板：显示空调器信息　　室内机主板：设有CPU，室内机电控系统控制中心　　室外机主板：设有CPU，室外机电控系统控制中心

图 3-12　美的 KFR-72LW/SDY-GAA（E5）空调器电控系统

第二节　相序电路

相序电路在三相供电的空调器中是必备电路，本节以格力 KFR-120LW/E（1253L）V-SN5 空调器为基础，介绍三相供电和相序保护器的检测方法、更换原装相序保护器和代换通用相序保护器的步骤。

一、相序板工作原理

1. 应用范围

活塞式压缩机由于体积大、能效比低、振动大、高低压阀之间容易窜气等缺点，目前已很少使用，多见于早期的空调器。因活塞式压缩机的电动机运行方向对制冷系统没有影响，使用此类压缩机三相供电空调器室外机电控系统不需要设计相序保护电路。

涡旋式压缩机由于振动小、效率高、体积小和可靠性高等优点，使用在目前全部5P及部分3P的三相供电空调器中。但由于涡旋式压缩机不能反转运行，其运行方向要与电源相位一致，因此使用涡旋式压缩机的空调器，均设有相序保护电路，所使用的电路板通常称为相序板。

2. 安装位置和作用

（1）安装位置

相序板在室外机的安装位置见图 3-13。

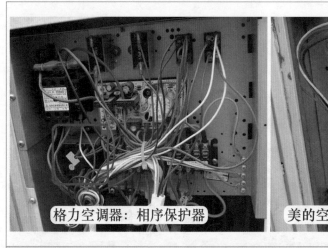

格力空调器：相序保护器

美的空调器：相序、电流检测电路板

图 3-13　安装位置

（2）作用

相序板的作用是在三相电源相序与压缩机运行供电相序不一致或断相时断开控制电路，从而对压缩机进行保护。

相序板按控制方式一般有 2 种，见图 3-14 和图 3-15，即使用继电器触点和使用微处理器（CPU）控制光耦合器次级，输出端子一般串接在交流接触器的线圈供电回路或保护回路中，当遇到相序不一致或断相时，继电器触点断开（或光耦合器次级断开），交流接触器的线圈供电随之被断开，从而保护压缩机；如果相序板串接在保护回路中，则保护电路断开，室内机 CPU 接收后对整机停机，同样可以保护压缩机。

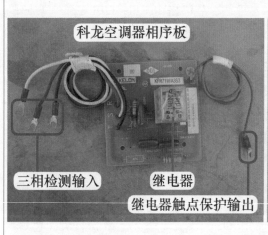

科龙空调器相序板

格力空调器相序板

三相检测输入

三相检测输入

继电器触点保护输出

继电器

继电器触点保护输出

图 3-14　科龙和格力空调器相序板

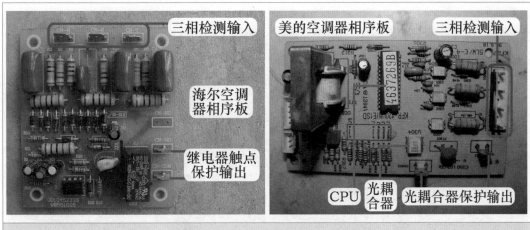

图 3-15　海尔和美的空调器相序板

3. 继电器触点式相序板工作原理

（1）电路原理图和实物图

拆开格力空调器使用相序保护器的外壳，见图 3-17，可发现电路板由 3 个电阻、5 个电容和 1 个继电器组成。外壳共有 5 个接线端子，R-S-T 为三相供电检测输入端，A-C 为继电器触点输出端。

相序保护器电路原理图见图 3-16，实物图见图 3-17，三相供电相序与压缩机状态的对应关系见表 3-1。

当三相供电 L1-L2-L3 相序与压缩机工作相序一致时，继电器 RLY 线圈两端电压约为交流 220V，线圈中有电流通过，产生吸力使触点 A-C 闭合；当三相供电相序与压缩机工作相序不一致或断相时，继电器 RLY 线圈电压低于交流 220V 较多，线圈通过的电流所产生的电磁吸力很小，触点 A-C 断开。

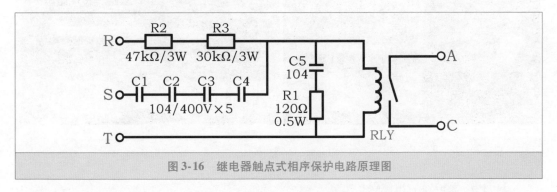

图 3-16　继电器触点式相序保护电路原理图

表 3-1　三相供电相序与压缩机状态的对应关系

	RLY 线圈交流电压	触点 A-C 状态	交流接触器线圈电压	压缩机状态
相序正常	195V	闭合	交流 220V	运行
相序错误	51V	断开	交流 0V	停止
断相	缺 R：78V、缺 S：94V、缺 T：0V	断开	交流 0V	停止

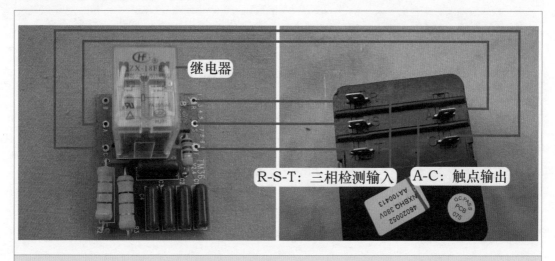

图 3-17　继电器触点式相序保护电路实物图

（2）相序保护器输入侧检测引线

见图 3-18，断路器（俗称空气开关）的电源引线送至室外机整机供电接线端子，通过 5 根引线与去室内机供电的接线端子并联，相序保护器输入端的引线接三相供电 L1-L2-L3 端子。

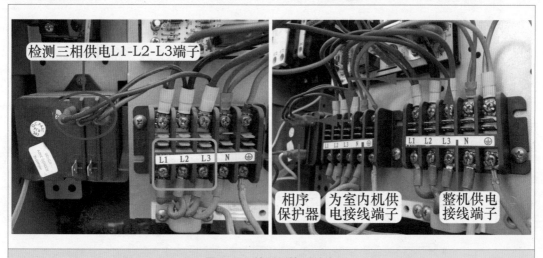

图 3-18　输入侧检测引线

（3）相序保护器输出侧保护方式

涡旋式压缩机由交流接触器触点供电，三相供电触点的闭合与断开由交流接触器线圈控制，交流接触器线圈工作电压为交流 220V，见图 3-19，室内机主板输出相线 L 端压缩机黑线直供交流接触器线圈一端，交流接触器线圈 N 端引线接相序保护器，经内部继电器触点接室外机接线端子上 N 端。

当相序保护器检测三相供电顺序（相序）符合压缩机线圈供电顺序时，内部继电器触点闭合，压缩机才能得电运行。

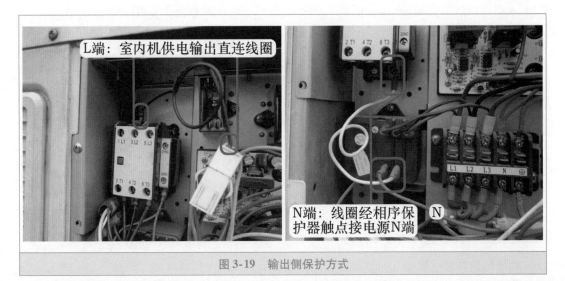

图 3-19 输出侧保护方式

当相序保护器检测三相供电相序错误，内部继电器触点断开，即使室内机主板输出 L 端供电，但由于交流接触器线圈不能与 N 端构成回路，交流接触器线圈电压为交流 0V，三相供电触点断开，压缩机因无供电而不能运行，从而保护压缩机免受损坏。

4. 微处理器（CPU）方式

美的 KFR-120LW/K2SDY 柜式空调器室外机相序板相序检测电路简图见图 3-20，电路由光耦合器、微处理器（CPU）和电阻等元器件组成。

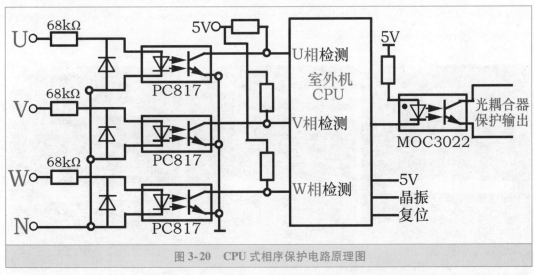

图 3-20 CPU 式相序保护电路原理图

三相供电 U（A）、V（B）、W（C）经光耦合器（PC817）分别输送到 CPU 的 3 个检测引脚，由 CPU 进行分析和判断，当检测到三相供电相序与内置程序相同（即符合压缩机运行条件）时，控制光耦合器（MOC3022）次级侧导通，相当于继电器触点闭合；当检测到三相供电相序与内置程序不同时，控制光耦合器次级截止，相当于继电器触点断开。

5. 各品牌空调器出现相序保护时的故障现象

三相供电相序与压缩机运行相序不同时，电控系统会报出相应的故障代码或出现压缩机不运行的故障，根据空调器设计不同所出现的故障现象也不相同，以下是几种常见品牌的空调器相序保护串接形式。

1）海信、海尔、格力：相序保护电路大多串接在压缩机交流接触器线圈供电回路中，所以相序错误时室外风机运行，压缩机不运行，空调器不制冷，室内机不报故障代码。

2）美的：相序保护电路串接在室外机保护回路中，所以相序错误时室外风机与压缩机均不运行，室内机报故障代码为"室外机保护"。

3）科龙：早期柜式空调器相序保护电路串接在室内机供电回路中，所以相序错误时室内机主板无供电，上电后室内机无反映。

由此可见，同为相序保护，由于厂家设计不同，表现的故障现象差别也很大，实际检修时要根据空调器电控系统设计原理，检查故障根源。

二、 三相供电检测方法

相序保护器具有检测三相供电断相和相序功能，判断三相供电相序是否符合涡旋式压缩机线圈供电顺序时，应首先测量三相供电电压，再按压交流接触器强制按钮检测相序是否正常（此方法在实际应用时应谨慎使用，因按压强制按钮时间过长可能会损坏压缩机）。

1. 测量接线端子三相供电电压

（1）测量三相相线之间电压

使用万用表交流电压档（应选用交流 500V 以上的档位），见图 3-21，分 3 次测量三相供电电压，即 L1-L2 端子、L1-L3 端子、L2-L3 端子，3 次实测电压应均为交流 380V 左右，才能判断三相供电正常。如实测时出现 1 次电压为交流 0V 或交流 220V 或低于交流 380V 较多，均可判断为三相供电电压异常，相序保护器检测后可能判断为相序异常或供电断相，控制继电器触点断开。

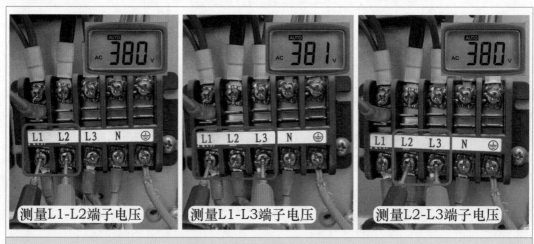

图 3-21　测量三相相线之间电压

（2）测量三相相线与 N 端子电压

测量三相供电电压，除了测量三相 L1-L2-L3 端子之间电压，还应测量三相与 N 端子电压辅助判断，见图 3-22，即 L1-N 端子、L2-N 端子、L3-N 端子，3 次实测电压应均为交流 220V，才能判断三相供电及零线供电正常。如实测时出现 1 次电压为交流 0V 或交流

380V 或低于交流 220V 较多，均可判断三相供电电压或零线异常。

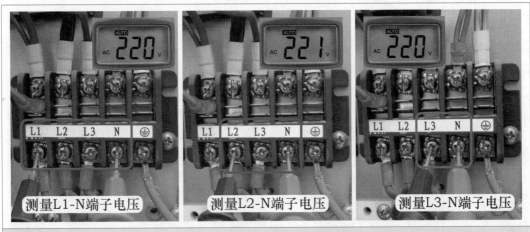

测量L1-N端子电压　　测量L2-N端子电压　　测量L3-N端子电压

图 3-22　测量三相相线与 N 端子电压

2. 判断三相供电相序

三相供电电压正常，为判断三相供电相序是否正确时，可使用螺钉旋具（俗称螺丝刀）头等物品按压交流接触器上的强制按钮，强制为压缩机供电，根据压缩机运行声音、吸气管和排气管温度、系统压力来综合判断。

（1）相序错误

三相供电相序错误时，压缩机由于反转运行，因此并不做功，见图 3-23，主要表现现象如下。

1）压缩机运行声音沉闷。

2）手摸吸气管不凉、排气管不热，温度接近常温即无任何变化。

3）压力表指针轻微抖动，但并不下降，维持在平衡压力（即静态压力不变化）。

➡ 说明：涡旋式压缩机反转运行时，容易击穿内部阀片（窜气故障）造成压缩机损坏，在反转运行时，测试时间应尽可能缩短。

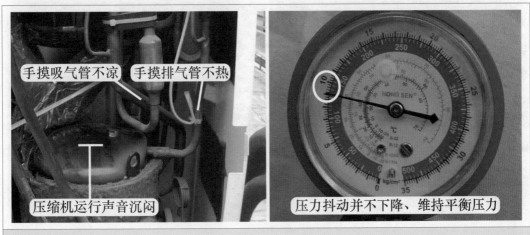

手摸吸气管不凉　手摸排气管不热

压缩机运行声音沉闷　　压力抖动并不下降、维持平衡压力

图 3-23　相序错误时故障现象

（2）相序正常

由于供电正常，压缩机正常做功（运行），见图3-24，主要表现现象如下。

1）压缩机运行声音清脆。

2）吸气管和排气管温度迅速变化，手摸吸气管很凉、排气管烫手。

3）系统压力由静态压力迅速下降至正常值约0.45MPa。

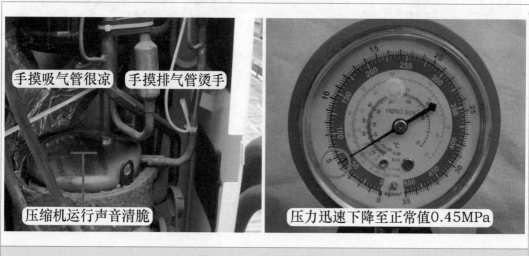

图3-24　相序正常时现象

3. 相序错误时的调整方法

常见有2种调整方法。

（1）对调电源接线端子上的引线顺序

见图3-25，任意对调2根相线引线位置，对调L1和L2引线（黑线和棕线），三相供电相序即可符合压缩机运行相序。在实际维修时，或对调L1和L3引线，或对调L2和L3引线均可排除故障。

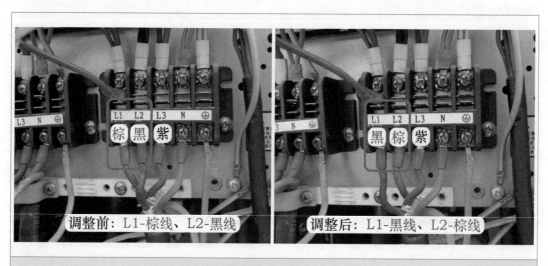

图3-25　对调电源接线端子上的引线顺序

（2）对调压缩机和相序保护器引线顺序

由于某种原因（如单位使用，找不到供电处的断路器），不能断开空调器电源，此时在电源接线端子处对调引线有一定的危险性。实际维修时可同时对调压缩机引线和相序保护器输入侧引线，同样达到调整相序的目的。

调整前：见图3-26左图。交流接触器输出端子的压缩机引线顺序依次为：棕线、黑线、紫线，相序保护器输入侧引线依次为：棕线、黑线、紫线。

调整后的压缩机引线顺序：黑线、棕线、紫线，见图3-26中图。关闭空调器，此时交流接触器触点断开，下方的端子并无电压，相当于断开空调器电源。对调任意交流接触器输出端的2根引线顺序，使压缩机线圈供电顺序和电源供电顺序相同。

调整后的相序保护器引线顺序：黑线、棕线、紫线，见图3-26右图。对调压缩机引线使压缩机供电顺序和电源供电顺序相同后，压缩机可正常运行，但由于相序保护器检测错误，上电开机后依旧表现为室外风机运行但压缩机不运行，应再次对调相序保护器输入侧引线，使检测相序与电源供电顺序相同，输出侧的触点才会闭合。注意：由于为通电状态，对调引线时应注意安全，可使用尖嘴钳子等辅助工具。

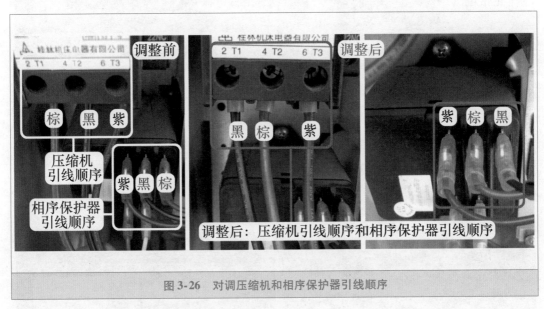

图3-26　对调压缩机和相序保护器引线顺序

三、　相序保护器检测方法和更换步骤

1. 相序保护器检测方法

判断相序保护器故障的前提是，三相供电电压正常，并且三相供电相序符合压缩机供电相序。否则，判断相序保护器故障没有意义。三相供电相序正常时，相序保护器内部继电器触点闭合，在检修时可利用这一特性进行判断。常见有以下3种方法。

（1）使用万用表交流电压档测量

见图3-27左图，红表笔接方形对接插头中压缩机黑线（L端相线）、黑表笔接相序保护器输出侧触点前端蓝线即接线端子N端，正常电压为交流220V，说明室内机主板已输出压缩机运行的控制电压。

见图 3-27 右图，接方形对接插头中黑线的红表笔不动，黑表笔改接相序保护器输出侧触点后端白线（接交流接触器线圈）。如实测电压为交流 220V，说明内部继电器触点闭合，可判断相序保护器正常；如实测电压为交流 0V 左右，可判断相序保护器损坏。

➡ 说明：上述测量方法为正常开机时测量。如需要待机即上电不开机时测量，可将红表笔接室外机接线端子上的 L1 端，黑表笔接相序保护器输出侧的蓝线和白线。

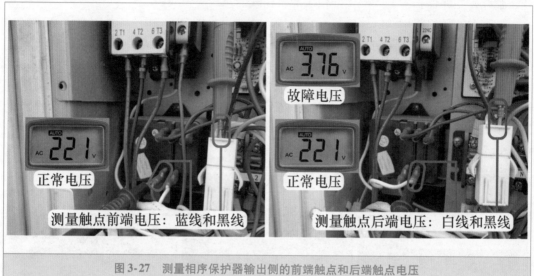

图 3-27　测量相序保护器输出侧的前端触点和后端触点电压

（2）使用万用表电阻档测量

拔下相序保护器输出侧的蓝线和白线后，再将空调器通上电源，见图 3-28，红表笔和黑表笔接输出侧端子（A-C）。

正常阻值为 0Ω，说明内部触点闭合，可判断相序保护器正常。

故障阻值为无穷大，说明内部触点断开，可判断相序保护器损坏。

图 3-28　测量相序保护器输出端触点阻值

（3）短接相序保护器

在实际维修时，可将连接交流接触器线圈的白线直接连接至室外机接线端子上的 N 端，见图 3-29，再次上电开机，如果压缩机开始运行，可确定相序保护器损坏。

➡ 说明：此方法也可适用于确定相序保护器损坏，但暂时没有配件更换，而用户又着急使用空调器时的应急措施。并且应提醒用户，在更换配件前千万不能调整供电电源处的 3 根相线位置，否则会造成压缩机损坏。

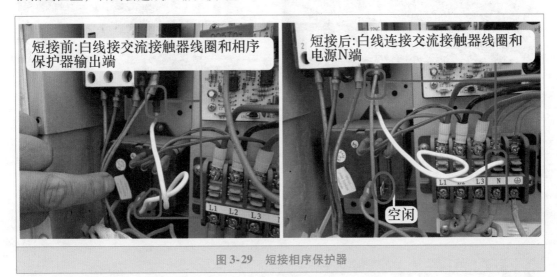

图 3-29 短接相序保护器

2. 更换原装相序保护器步骤

1）取下原机相序保护器，并将新相序保护器安装至原位置。

2）查看相序保护器输入端共有 3 根引线，连接在接线端子上 L1-L2-L3。相序保护器输出侧端子共有 2 根引线，连接在接线端子上的 N 端和交流接触器线圈。

3）见图 3-30，将 L1 端子棕线安装至输入侧 R 端子，将 L2 端子黑线安装至输入侧 S 端子，将 L3 端子紫线安装至输入侧 T 端子。

图 3-30 安装输入侧引线

4）见图 3-31 左图，输入侧 3 根引线插反时将引起压缩机不运行故障，设计时这 3 根引线的长度也不相同，因此一般不会插错。

5）见图 3-31 右图，将电源 N 端的蓝线和交流接触器线圈的白线插在输出侧端子，由于连接内部继电器触点，两个端子不分反正。

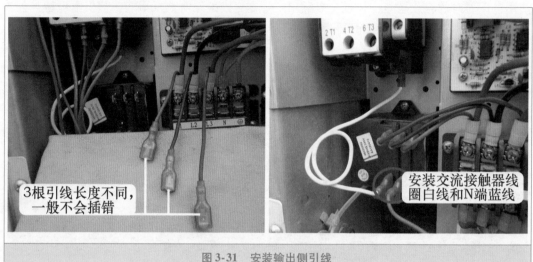

3 根引线长度不同，一般不会插错

安装交流接触器线圈白线和N端蓝线

图 3-31　安装输出侧引线

四、　使用通用相序保护器代换步骤

在实际维修中，如果原机相序保护器损坏，并且没有相同型号的配件更换时，可使用通用相序保护器代换，本节选用某品牌名称为"断相与相序保护继电器"，对代换步骤进行详细说明。

1. 通用相序保护器实物外形和接线图

通用相序保护器见图 3-32，由控制盒和接线底座组成，使用时将底座固定在室外机合适的位置，控制盒通过卡扣固定在底座上面。

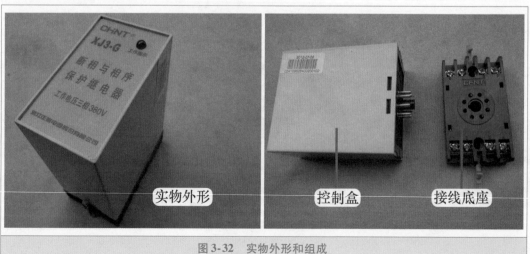

实物外形　　　　　控制盒　　　　　接线底座

图 3-32　实物外形和组成

图 3-33 左图为接线图，图 3-33 右图为接线底座上对应位置。输入侧 1-2-3 端子接三相供电 L1-L2-L3 端子即检测引线。

输出侧 5-6 端子为继电器常开触点，相序正常时触点闭合；7-8 端子为继电器常闭触点，相序正常时触点断开。交流接触器线圈供电回路应串接在 5-6 端子。

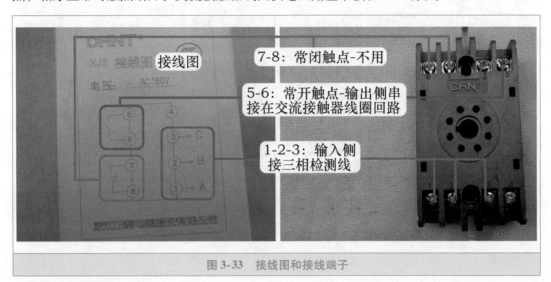

图 3-33 接线图和接线端子

2. 代换步骤

（1）输入侧引线

见图 3-34，将接线底座固定在室外机电控盒内合适的位置，由于 L1-L2-L3 端子连接原机相序保护器的引线较短，应准备 3 根引线，并将两端剥开适当的长度。

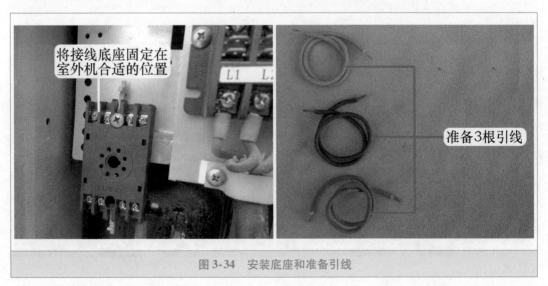

图 3-34 安装底座和准备引线

（2）安装输入侧引线

见图 3-35，将其中 1 根引线连接底座 1 号端子和 L1 端子，其中 1 根引线连接底座 2 号端子和 L2 端子，其中 1 根引线连接底座 3 号端子和 L3 端子，这样，输入侧引线全部连接完成。

➡ **注意：** 接线端子上 L1-L2-L3 和底座上 1-2-3 的引线应使用螺钉旋具拧紧以固定螺钉。

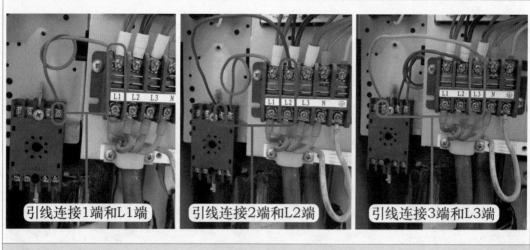

图3-35 安装输入侧引线

（3）安装输出侧引线

见图 3-36 左图，原机交流接触器线圈的白线使用插头，因此将插头剪去，并剥开适合的长度接在底座 5 号端子；原机 N 端引线不够长，再使用另外 1 根引线连接底座 6 号端子和接线端子的 N 端，这样输出侧引线也全部连接完成。注意：底座 5 号和 6 号端子接继电器触点，连接引线时不分反正。

此时接线底座共有 5 根引线，见图 3-36 右图，1-2-3 端子分别连接接线端子 L1-L2-L3，5-6 端子连接交流接触器线圈和接线端子的 N 端子。

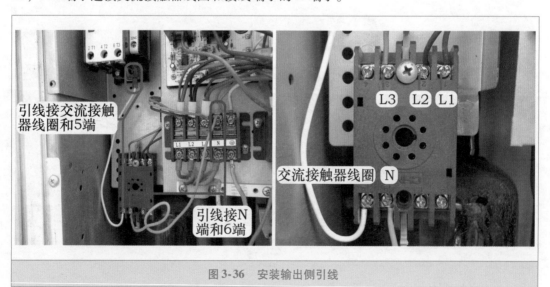

图3-36 安装输出侧引线

（4）固定控制盒和包扎未用接头

见图 3-37，将控制盒安装在底座上并将卡扣锁紧，再使用防水胶布将未使用的原机 L1、L2、L3、N 共 4 个插头包好，防止漏电。

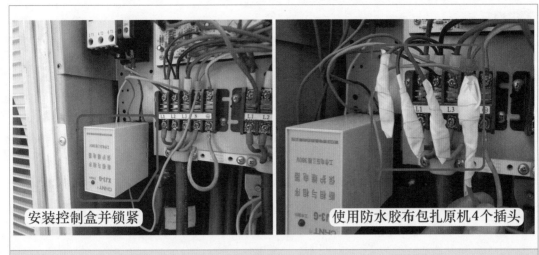

安装控制盒并锁紧　　使用防水胶布包扎原机4个插头

图3-37　固定控制盒和包扎引线

再将空调器通上电源，控制盒检测相序符合正常时，控制内部继电器触点闭合，并且顶部"工作指示"灯（红色）点亮；空调器开机后，交流接触器触点吸合，压缩机开始运行。

3. 压缩机不运行时的调整方法

如果空调器上电后控制盒上"工作指示"灯不亮，开机后交流接触器触点不能吸合使得压缩机不能运行，说明三相供电相序与控制盒内部检测相序不相同。此时应当断开空调器电源，取下控制盒，见图3-38，对调底座接线端子输入侧的任意2根引线位置，即可排除故障，再次开机，压缩机开始运行。

➡ 注意：原机只是相序保护器损坏，原机三相供电相序符合压缩机运行要求，因此调整相序时不能对调原机接线端子上的引线，必须对调底座的输入侧引线。否则造成开机后压缩机反转运行，空调器不能制冷或制热，并且容易损坏压缩机。

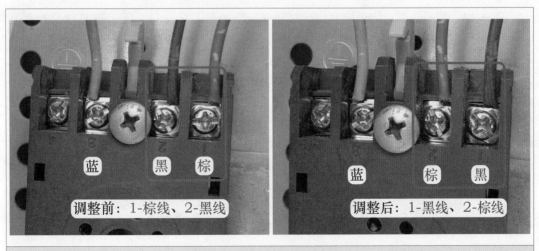

蓝　黑　棕　　蓝　棕　黑

调整前：1-棕线、2-黑线　　调整后：1-黑线、2-棕线

图3-38　相序错误时调整方法

第四章

柜式空调器常见故障电路原理和检修流程

　　本章共分为三节，第一节介绍压缩机不运行故障，第二节介绍格力 E1 故障，第三节介绍美的 E6 故障。在检修空调器时，虽然各个品牌的故障代码名称不同，但代表的含义基本相同，检修思路也基本相同，本章选用最常见的空调器品牌格力和美的故障代码进行介绍，检修其他品牌空调器时也可以参考使用。

　　本章中介绍格力 E1 故障时，示例空调器型号为格力 KFR- 120LW／E（1253L）V- SN5，美的 E6 故障的示例空调器型号为美的 KFR- 120LW／K2SDY。

第一节　压缩机不运行故障的检修流程

一、单相供电压缩机不运行时的检修流程

　　压缩机电路在实际维修中故障所占比例较高，本节以格力 KFR-72LW/NhBa-3 空调器为基础，介绍单相供电压缩机不运行的检修方法，电路工作原理见第二章第二节第十六部分中"2. 单相3P空调器压缩机电路"。

　　1. 测量室外机接线端子电压和压缩机电流

　　（1）测量室外机接线端子电压

　　3P单相空调器压缩机供电由室内机接线端子电源处直接提供（不经过室内机主板），因此在检修压缩机不运行故障时应首先测量此电压，见图4-1，测量时使用万用表交流电压档，表笔接室外机接线端子，本机为 N（1）端子和 2 端子。

　　正常电压为交流 220V，说明室内机电源供电已送至室外机，应测量压缩机电流。

　　故障电压为交流 0V，说明室内机电源供电未送至室外机，应检查室内外机电源连接线即较粗的 1 束引线是否中间接头断开或端子处螺钉未紧固导致的松动等。

➡　说明：本机共设有 3 束连接线，最粗的 1 束共 3 根引线为电源连接线，由室内机接线端子输出，为室外机提供电源电压；4 根的 1 束为负载连接线，使用方形对接插头，由室内机主板输出，控制室外机负载；最细的 1 束共 2 根引线为传感器连接线，使用扁形对接插头，将室外管温传感器连接至室内机主板。

　　（2）测量压缩机电流

　　电源连接线中蓝线接 N（1）端子，为室外机的 3 个负载提供零线，棕线接 2 号端子，只为压缩机提供相线，而室外风机和四通阀线圈相线由室内机主板提供，所以测量电流

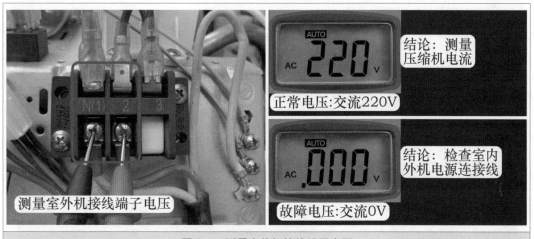

图 4-1　测量室外机接线端子电压

时测量蓝线为室外机电流、测量棕线为压缩机电流；见图 4-2，使用万用表交流电流档，钳头夹住 2 号端子棕线，测量压缩机电流。

如实测电流为 0A，说明压缩机未通电运行，应测量交流接触器输出端触点电压，进入第 2 检修步骤。

如实测电流较大超过 40A，说明压缩机起动不起来，应代换压缩机电容，进入第 4 检修步骤。

如实测电流约为 6A，故障为压缩机窜气或系统无制冷剂引起不制冷故障，不在本节叙述范围。

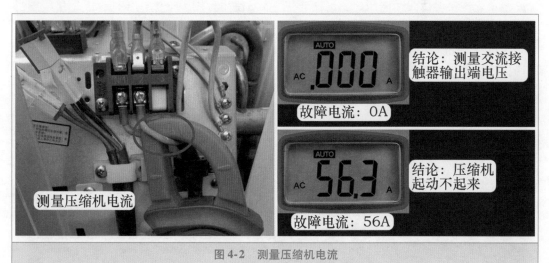

图 4-2　测量压缩机电流

2. 室外机故障检修流程

（1）测量交流接触器输出端触点电压

交流接触器共设有 4 个端子，前后两个端子为主触点，左右两个端子为线圈；前端触点为输入端，接室外机接线端子 2 号棕线，后端触点为输出端，接压缩机线圈公共端红线；线圈供电电压为交流 220V，两个端子中蓝线为零线，由室外机接线端子 N（1）提供，黑线为相线，由室内机主板 COMP 压缩机端子提供。

测量交流接触器输出端触点电压，使用万用表交流电压档，见图 4-3，黑表笔接蓝线即零线 N，红表笔接输出端压缩机红线。

正常电压为交流 220V，说明交流接触器触点已正常闭合导通，已为压缩机线圈提供电压，应测量线圈阻值，进入第 5 检修流程。

故障电压为交流 0V，说明触点未闭合，不能为压缩机线圈提供电源，应测量交流接触器线圈电压，进入下一检修流程。

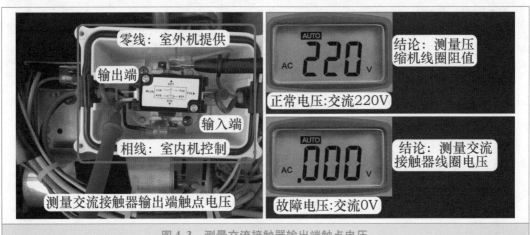

图 4-3　测量交流接触器输出端触点电压

（2）测量交流接触器线圈电压

测量交流接触器线圈电压时，见图 4-4，依旧使用万用表交流电压档，表笔接线圈的两个端子即蓝线（零线）和黑线（相线）。

正常电压为交流 220V，说明室内机主板已输出供电，故障在交流接触器，应测量线圈阻值以区分损坏部位，进入下一检修流程。

故障电压为交流 0V，说明室内机主板未输出供电，故障在室内机主板或室内外机负载连接线，进入第 3 检修步骤。

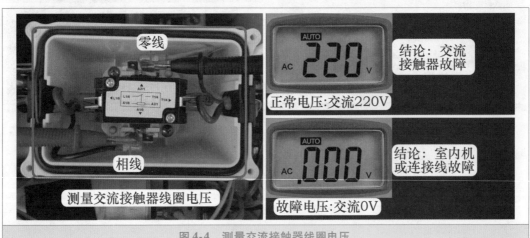

图 4-4　测量交流接触器线圈电压

（3）测量交流接触器线圈阻值

断开空调器电源，拔下交流接触器线圈的两个端子上的引线或只拔下1根引线（此处拔下蓝线），见图4-5，使用万用表电阻档测量线圈阻值。

正常阻值约1.3kΩ，说明主触点锈蚀，即线圈通电时吸引动铁心向下移动，但动触点和静触点不能闭合，输入端相线电压不能提供至压缩机线圈，此时应更换交流接触器。

故障阻值为无穷大，说明线圈开路损坏，此时应更换交流接触器。

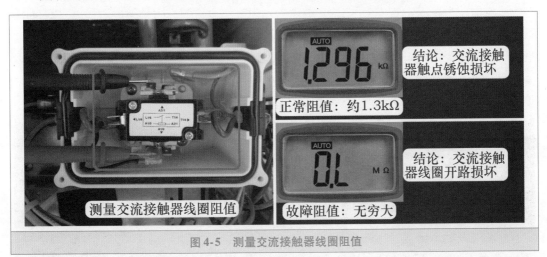

图4-5　测量交流接触器线圈阻值

3. 室内机故障检修流程

（1）测量主板压缩机端子电压

当测量室外机交流接触器线圈无交流220V电压，应在室内机测量主板压缩机端子电压，见图4-6，使用万用表交流电压档，黑表笔接零线N，红表笔接COMP（压缩机）端子。

正常电压为交流220V，说明室内机主板输出电压正常，故障在室内外机负载连接线，应检查引线是否断路等。

故障电压为交流0V，说明室内机主板未输出电压，故障在室内机主板，应更换室内机主板；或检查出主板的故障元器件，进入下一检修流程。

图4-6　测量主板压缩机端子电压

（2）测量继电器线圈电压

COMP 端子电压由继电器触点提供，因此应首先检查继电器线圈是否得到供电，查看本机继电器线圈并联有续流二极管 D441，见图 4-7，测量时使用万用表直流电压档，红表笔接二极管正极，黑表笔接负极。

正常电压约为直流 11.3V，说明 CPU 已输出电压且反相驱动器 U2 已反相输出，故障在继电器，可能为线圈开路或触点锈蚀，应更换继电器。

故障电压为直流 0V，说明 COMP 端子未输出交流电压的原因是继电器线圈没有供电，应测量反相驱动器输入端电压，进入下一检修流程。

➡ 说明：如果继电器线圈未设计续流二极管，测量时可将黑表笔接直流地，红表笔接反相驱动器输出端引脚，反相驱动器正常时电压为低电平约 0.8V。

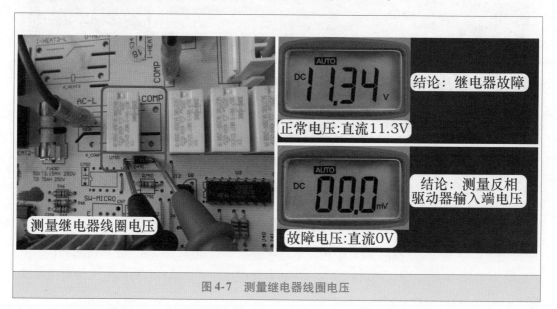

图 4-7　测量继电器线圈电压

（3）测量反相驱动器输入端电压

测量时依旧使用万用表直流电压档，见图 4-8，黑表笔接地（实接反相驱动器 U2 的⑧脚），红表笔接 U2 输入侧④脚。

正常电压约为直流 3.3V，说明 CPU 已输出供电，继电器线圈没有供电的原因为反相驱动器故障，应更换反相驱动器 2003。

故障电压为直流 0V，说明 CPU 未输出供电或限流电阻损坏，应测量 CPU 输出电压，进入下一检修流程。

➡ 说明：黑表笔接地时可搭在 7805 散热片的铁壳上面，其表面接直流地，本处接 U2 的⑧脚地是为了图片清晰。

（4）测量 CPU 输出电压

使用万用表直流电压档，见图 4-9，黑表笔接地，红表笔接限流电阻 R5 上端，相当于接 CPU㉟脚。

正常电压约为直流 5V，说明 CPU 已输出电压，故障为电阻 R5 开路损坏。

故障电压为直流 0V，说明 CPU 未输出电压，故障为 CPU 损坏。

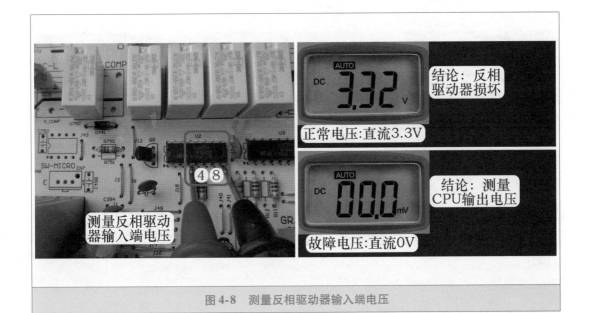

图4-8 测量反相驱动器输入端电压

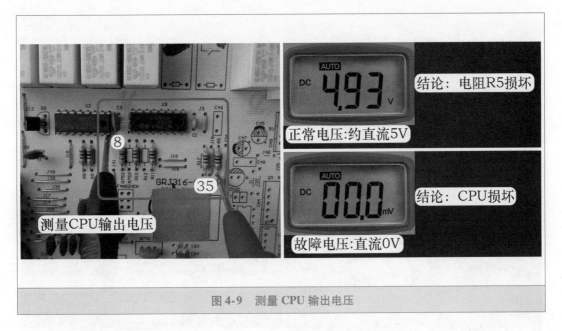

图4-9 测量CPU输出电压

4. 代换压缩机电容

在室外机电压为交流220V，而同时测量压缩机电流超过40A时（已排除电压低故障），说明压缩机起动不起来，常见原因为电容损坏，见图4-10，应使用相同标注容量的电容代换试机。

代换后压缩机可正常起动，实测电流为正常约12A时，说明压缩机电容无容量或容量减小故障，应更换压缩机电容。

代换后压缩机仍起动不起来，同时实测电流超过40A，说明压缩机卡缸损坏即内部机械部分锈在一起，可增大压缩机电容容量试机，如仍不能起动，应更换压缩机。

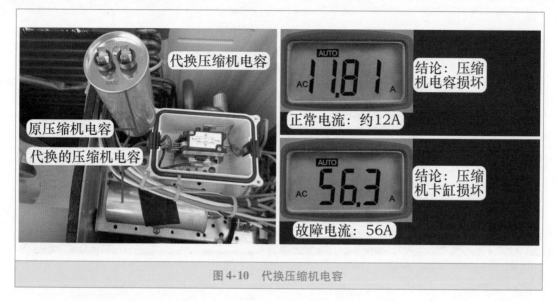

图 4-10　代换压缩机电容

5. 压缩机线圈阻值检修流程

在测量交流接触器输出端触点电压正常而实测压缩机电流为 0A 时，应测量压缩机线圈阻值，其共有 3 根引线：公共端红线 C 接交流接触器输出端触点，运行绕组蓝线接电容和 N 端，起动绕组黄线 S 接电容。

（1）测量连接线阻值

测量阻值时使用万用表电阻档，见图 4-11，断开空调器电源后测量 3 根引线阻值，由于压缩机内部的热保护器串接在公共端，应首先测量 C-R、C-S 阻值，本机 C-R 阻值为 1.6Ω、C-S 阻值为 2.6Ω、R-S 阻值为 4.1Ω。

如果实测 C-R、C-S 阻值为无穷大，应手摸压缩机外壳感觉温度，进入下一检修流程。

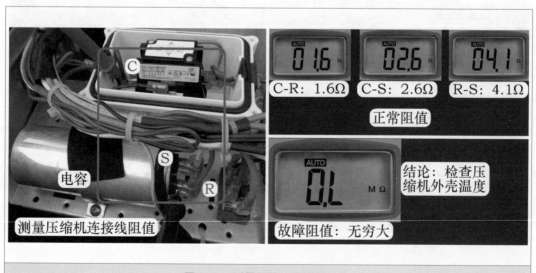

图 4-11　测量压缩机连接线阻值

（2）手摸压缩机外壳感觉温度

压缩机内部设有热保护器，通常压缩机内部温度超过 155℃ 时，热保护器触点断开，相当于断开公共端引线，压缩机线圈停止供电，因此在测量 C-R、C-S 阻值为无穷大时，见图 4-12，应用手摸压缩机外壳感觉温度，注意应避免温度过高将手烫伤。

感觉温度为常温或较热：排除压缩机内部热保护器触点断开原因，应检查连接线和测量接线端子阻值，进入下一检修流程。

感觉温度很高并烫手：多出现在检修前已将空调器运行一段时间，此时可使用凉水为压缩机外壳降温，待温度下降后测量 C-R、C-S 阻值恢复正常后，再次开启空调器，根据故障现象进行有目的的检修。

➡ 说明：感觉压缩机外壳温度时，用手摸顶盖即可，本处为使用图片表达清楚，才取下压缩机保温棉、手摸压缩机外壳中部位置。

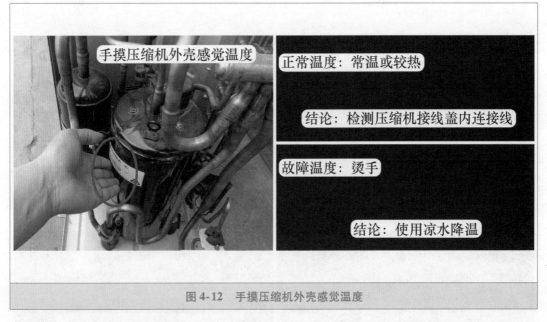

图 4-12　手摸压缩机外壳感觉温度

（3）查看连接线和接线端子

压缩机工作时由于温度较高并且电流较大，其位于接线盖的连接线或接线端子容易烧断，测量 C-R、C-S、R-S 阻值为无穷大时，在判断压缩机损坏前应取下接线盖，查看连接线和接线端子状况。

查看连接线和接线端子正常：见图 4-13 左图，应测量接线端子阻值，进入下一检修流程。

查看连接线插头或接线端子烧断：见图 4-13 右图，应更换连接线或修复接线端子，然后再次使用万用表电阻档测量电控盒内压缩机引线阻值，待正常后再次上电试机。

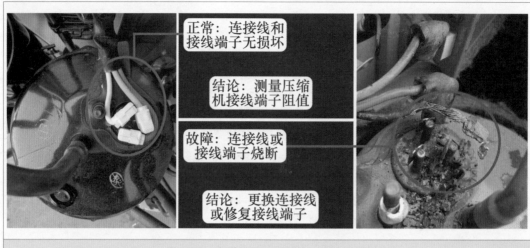

图 4-13　查看压缩机连接线和接线端子

（4）测量接线端子阻值

拔下压缩机连接线插头，使用万用表电阻档，见图4-14，分3次测量接线端子阻值，即 C-R、C-S、R-S。

3次阻值均正常：说明连接线中连接压缩机接线端子的一侧或电控盒中连接电容的一侧插头有虚插引起的接触不良故障，应使用钳子夹紧插头，再安装至接线端子或电容、交流接触器输出端触点等，再次测量阻值并上电试机。

3次阻值中有或1次、或2次、或3次无穷大情况：说明压缩机线圈开路损坏，应更换压缩机。

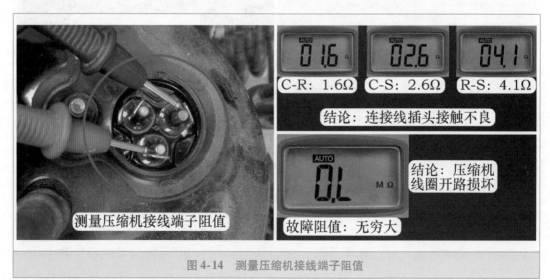

图 4-14　测量压缩机接线端子阻值

二、三相供电压缩机不运行时的检修流程

本小节以格力 KFR-120LW/E（1253L）V-SN5 的 5P 柜式空调器为基础，介绍三相供电空调器压缩机不运行的检修方法和检修流程。

1. 电路工作原理

格力 KFR-120LW/E（1253L）V-SN5 压缩机电路原理图见图 4-15，实物图见图 4-16，CPU 引脚电压与压缩机状态的对应关系见表 4-1。

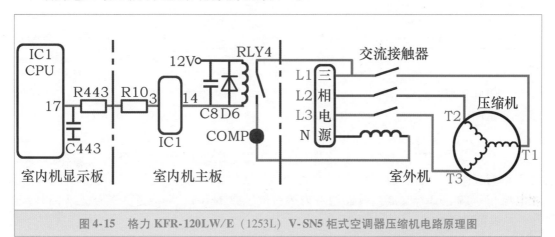

图 4-15　格力 **KFR-120LW/E**（1253L）**V-SN5** 柜式空调器压缩机电路原理图

图 4-16　格力 **KFR-120LW/E**（1253L）**V-SN5** 柜式空调器压缩机电路实物图

表 4-1 CPU 引脚电压与压缩机状态对应关系

CPU	反相驱动器 IC1		继电器 RLY4		交流接触器		压 缩 机	
⑰脚	③脚	⑭脚	线圈电压	触点	线圈电压	触点	线圈电压	状态
DC 5V	DC 2.4V	DC 0.8V	DC 11.2V	闭合	AC 220V	闭合	AC 380V	运行
DC 0V	DC 0V	DC 12V	DC 0V	断开	AC 0V	断开	AC 0V	停止

CPU 控制压缩机流程：CPU→反相驱动器→继电器→三触点交流接触器→压缩机。

当 CPU 需要控制压缩机运行时，显示板 CPU⑰脚为高电平 5V，经电阻 R443 和连接线送至 COMP 引针，再经主板上电阻 R10 送至反相驱动器 IC1 的③脚输入端，为高电平约 2.4V，IC1 内部电路翻转，输出端⑭脚接地，电压约为 0.8V，继电器 RLY4 线圈电压约为直流 11.2V，产生电磁吸力使触点闭合，L1 端电压经 RLY4 触点至交流接触器线圈，与 N 端构成回路，交流接触器线圈电压为交流 220V，产生电磁吸力使三端触点闭合，三相电源 L1、L2、L3 经交流接触器触点为压缩机线圈 T1、T2、T3 提供三相交流 380V 电压，压缩机运行。

当 CPU 的⑰脚为低电平 0V 时，IC1 的③脚也为低电平 0V，内部电路不能翻转，其对应⑭脚输出端不能接地，RLY4 线圈两端电压为直流 0V，触点断开，因而交流接触器线圈电压为交流 0V，其三端触点断开，压缩机停止工作。

2. 电路特点

1）压缩机由室外机的交流接触器触点供电，其室内机主板的继电器体积和室外风机、四通阀线圈继电器相同。

2）室外机设有交流接触器，其主触点分 3 路，有些品牌空调器的交流接触器还设有辅助触点。

3）压缩机工作电压为 3 路交流 380V，供电由室外机接线端子提供。

4）压缩机由供电直接起动运行，无需电容。

检修流程如下：

1. 查看交流接触器按钮是否吸合

压缩机线圈由交流接触器触点供电，在检修压缩机不运行故障时，见图 4-17，应首先查看交流接触器按钮是否吸合。

正常时交流接触器按钮吸合，说明控制电路正常，故障可能为交流接触器触点锈蚀或压缩机线圈开路故障，应进入第 2 检修流程。

故障时交流接触器按钮未吸合，说明室外机或室内机的电控系统出现故障，应检查控制电路，进入第 3 检修流程。

2. 交流接触器按钮吸合时的检修流程

如交流接触器按钮吸合，但压缩机不运行时，应使用万用表交流电压档，见图 4-18，测量交流接触器输出端触点电压。

正常电压为 3 次测量均约为交流 380V，说明交流接触器正常，应参照本章第一节第一部分第 5 步骤的"压缩机线圈阻值检修流程"，检查压缩机线圈是否开路，三相压缩机线圈阻值正常时，3 次测量结果均相等。

故障电压为 3 次测量时有任意 1 次约为交流 0V，说明交流接触器触点锈蚀（开路），应更换同型号交流接触器。

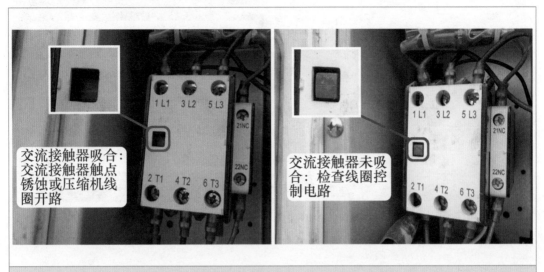

图 4-17　查看交流接触器按钮

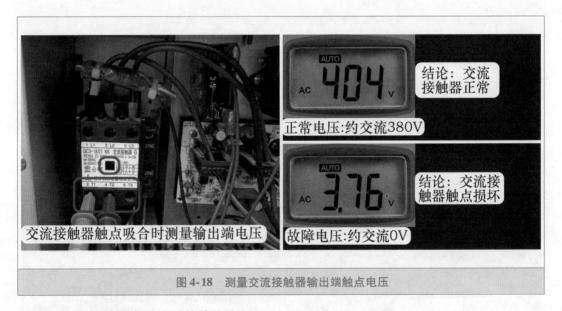

图 4-18　测量交流接触器输出端触点电压

3. 交流接触器未吸合时的检修流程

（1）检查相序

相序保护器串接在交流接触器线圈回路，如果相序错误或断相，也会引起交流接触器不能吸合的故障，见图 4-19，相序是否正常的简单判断方法是使用螺钉旋具顶住交流接触器按钮并向里按压，听压缩机运行声音和手摸吸气管、排气管的温度来判断。

正常时按下交流接触器按钮，压缩机运行声音正常，手摸吸气管凉、排气管热，说明相序正常，应检查交流接触器线圈控制电路，进入下一检修流程。

故障时按下交流接触器按钮，压缩机运行声音沉闷，手摸吸气管和排气管均为常温，为三相相序错误，对调三相供电中任意 2 根引线位置即可排除故障。

压缩机运行声音正常,手摸吸气管凉、排气管热:检查交流接触器线圈控制电路

使用螺丝刀头顶住交流接触器按钮并向里按压

压缩机运行声音沉闷,手摸吸气管和排气管均为常温:三相供电相序故障

图 4-19　强制按压交流接触器按钮

（2）区分室外机或室内机故障

使用万用表交流电压档,见图 4-20,黑表笔接室外机接线端子上的零线 N,红表笔接方形对接插头中的压缩机黑线。

正常电压为交流 220V,说明室内机主板已输出压缩机供电,故障在室外机电路,应进入第 4 检修流程。

故障电压为交流 0V,说明室内机未输出供电,故障在室内机电控系统或室内外机连接线,应进入第 5 检修流程。

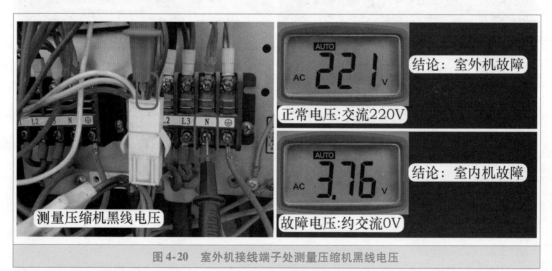

结论:室外机故障

正常电压:交流220V

测量压缩机黑线电压

结论:室内机故障

故障电压:约交流0V

图 4-20　室外机接线端子处测量压缩机黑线电压

4. 室外机故障检修流程

（1）测量相序保护器电压

使用万用表交流电压档,见图 4-21,红表笔接方形对接插头中的压缩机黑线,黑表笔接相序保护器输出侧的白线,相当于测量交流接触器线圈的两个端子电压。

正常电压为交流 220V,说明室内机主板输出的压缩机电压已送至交流接触器线圈端子,应测量交流接触器线圈阻值,进入下一检修流程。

故障电压为交流0V，说明相序保护器未输出电压，故障为相序保护器损坏，应更换相序保护器。

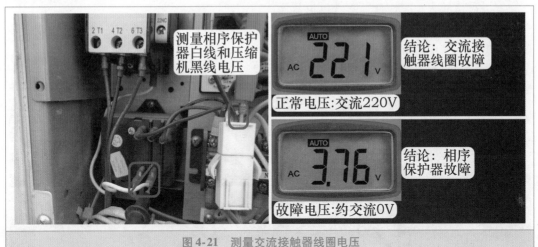

图4-21　测量交流接触器线圈电压

（2）测量交流接触器线圈阻值

断开空调器电源，见图4-22，使用万用表电阻档测量交流接触器线圈阻值。

正常阻值约550Ω，说明主触点锈蚀，即线圈通电时吸引动铁心向下移动，但动触点和静触点不能闭合，输入端相线电压不能提供至压缩机线圈，此时应更换交流接触器。

故障阻值为无穷大，说明线圈开路损坏，此时应更换交流接触器。

➡ 说明：图4-22中为使图片表达清楚，直接测量交流接触器线圈端子，实际测量时不用取下交流接触器输入端和输出端的引线，表笔接相序保护器上白线和方形对接插头中的黑线即可（见图4-21）。

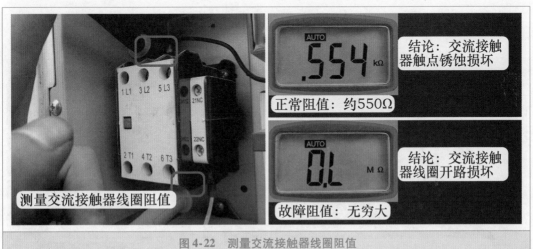

图4-22　测量交流接触器线圈阻值

5. 室内机故障检修流程

（1）区分室内机故障和室内外机连接线故障

使用万用表交流电压档，见图4-23，黑表笔接室内机主板电源N端，红表笔接

COMP 端子黑线。

正常电压为交流 220V，说明室内机主板已输出压缩机电压，故障在室内外机连接线中的方形对接插头，应检查室内外机负载连接线。

故障电压为交流 0V，说明室内机主板未输出压缩机电压，故障在室内机主板或显示板，应进入下一检修流程。

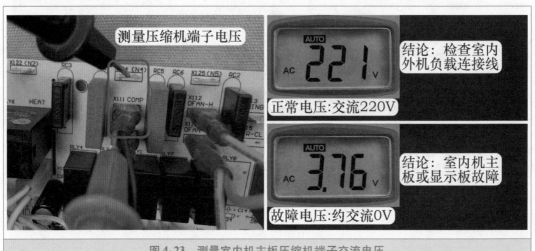

图 4-23　测量室内机主板压缩机端子交流电压

（2）区分室内机主板和显示板故障

使用万用表直流电压档，见图 4-24，黑表笔接室内机主板与显示板连接线插座中的 GND 引线，红表笔接 COMP 引线。

正常电压为直流 5V，说明显示板 CPU 已输出高电平的压缩机驱动电压，故障在室内机主板，应更换室内机主板或进入第 6 检修步骤。

故障电压为直流 0V，说明显示板未输出高电平的压缩机驱动电压，故障在显示板，应更换显示板。

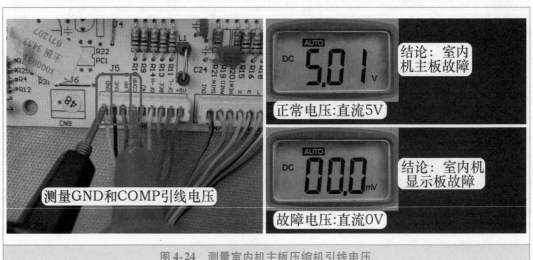

图 4-24　测量室内机主板压缩机引线电压

6. 室内机主板检修流程

室内机主板检修流程和单相空调器室内机主板基本相同，可参见本章第一节第一部分内容中第 3 检修步骤"室内机故障检修流程"。

第二节　美的空调器 E6 故障电路原理和检修流程

一、 电路原理和主要元器件

表 4-2 为美的空调器"室外机保护"故障代码与机型、生产时间汇总。

表 4-2　美的空调器"室外机保护"故障代码与机型对应表

机型与系列	生产时间	代码显示方式	代码含义
C1、E、F、F1、K、K1、H、I	2004 年以前	E04	室外机保护或室外机故障
星河 F2、星海 K2	2004 年以前	定时、运行、化霜 3 个指示灯同时以 5 Hz 闪烁	
S、H1	2004 年左右		
S1、S2、S3、S6、Q1、Q2、Q3	2004 年以后	E6	

1. 工作原理

室外机保护电路原理图见图 4-25，实物图见图 4-26，室外机保护状态与室内机 CPU 引脚电压的对应关系见表 4-3。

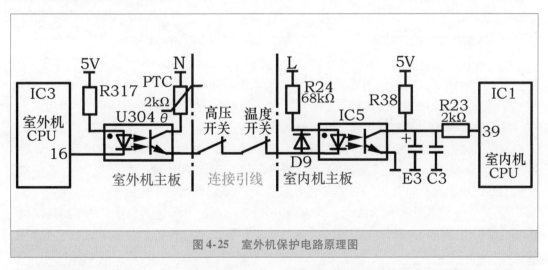

图 4-25　室外机保护电路原理图

空调器整机上电后，室内机主板产生 5V 电压经连接线送到室外机主板，为室外机主板提供电源，室外机 CPU（IC3）开始工作，首先对三相电源的相序和断相进行检测，如全部正常即三相供电符合压缩机运行要求，IC3 的⑯脚输出低电平，光耦合器 U304 初级发光二极管得到供电，使得次级导通，室外机零线 N 经 PTC 电阻（2kΩ）→光耦合器 U304 次级→压缩机排气管温度开关（温度开关）→压缩机排气管压力开关（高压开关）、再由室内外机连接线中的黄线、送到室内机主板 OUT PRO（室外机保护）接线端子。

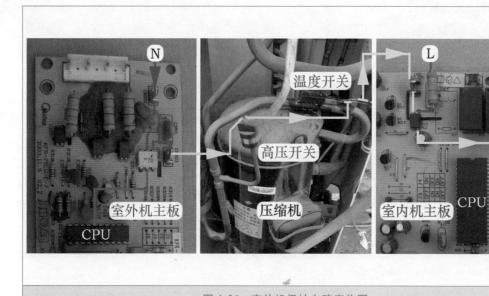

图 4-26　室外机保护电路实物图

表 4-3　室外机保护状态与室内机 CPU 引脚电压对应关系

IC3⑯脚电压	U304 初级电压	U304 次级状态	室内机主板的保护端子	IC5 初级电压	IC5 次级状态	IC1㊴脚电压	空调器状态
低电平	DC 1.1V	导通	电源 N 端	直流 1.1V	导通	DC 0.1V	正常待机
高电平	DC 0V	断开	与 N 端不通	直流 0V	断开	DC 5V	保护停机

　　室外机保护黄线正常时为电源 N 端，室内机主板 L 端经 R24（68kΩ）电阻降压，和保护黄线的电源 N 端一起为光耦合器 IC5 初级供电，初级二极管发光使次级导通，室内机 CPU㊴脚通过电阻 R23、IC5 次级接地，电压为低电平（约直流 0.1V），室内机 CPU（IC1）判断室外机保护电路正常，处于待机状态。

　　如果上电时三相电源相序错误或断相，室外机 CPU 检测后⑯脚变为高电平，光耦合器 U304 次级断开，室内机主板上的"室外机保护"OUT PRO 端子与电源 N 端不相通，电源 L 端经电阻 R24 降压后与 N 端不能构成回路，光耦合器 IC5 初级无供电，使得次级断开，5V 电压经电阻 R38、R23 为室内机 CPU㊴脚供电，为高电平 5V，CPU 检测后判断室外机保护电路出现故障，立即报出"室外机保护"的故障代码，并不再接收遥控器和按键信号。

　　空调器上电以后或运行过程中，如 1h 内室内机 CPU㊴脚检测到 4 次高电平即直流5V，则会停机进行保护，并报出"室外机保护"的故障代码。

　　2. 室外机主板

　　见图 4-27，室外机主板输入侧连接室外机接线端子上电源供电的 4 根引线（3 根相线A-B-C 和 1 根零线 N），作用是检测相序；同时设有电流互感器，检测压缩机 A 相红线电流。

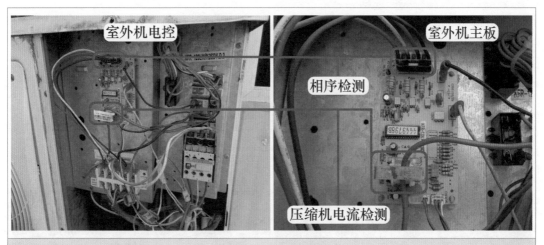

图4-27 安装位置

室外机主板实物外形见图4-28，可大致分为7路单元电路。

1）5V供电：室外机未设变压器和电源电路，室外机主板使用的直流5V电压由室内机主板经连接线提供。

2）室外管温传感器：只设有插头，转接到室内外机连接线直流5V供电插头中的红线。

3）CPU电路：为室外机主板的控制中心。

4）电流互感器：向室外机CPU提供压缩机运行电流信号。

5）相序检测电路：室外机CPU通过此电路检测输入三相电源的相序是否正确及是否断相。

6）指示灯：设有3个，显示室外机CPU检测的工作状态，也可显示故障代码。

7）保护光耦合器：为室外机主板CPU的输出部分，次级侧串接在"室外机保护"的黄线中。

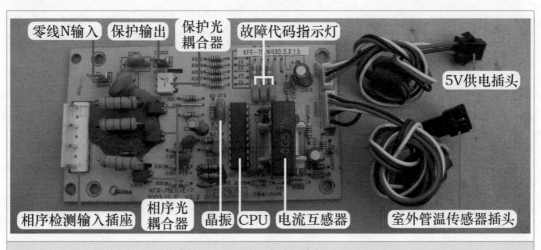

图4-28 室外机主板

3. 压缩机排气管高压开关和温度开关

美的部分 3P 的三相柜式空调器，室外机未设压缩机排气管温度开关和高压开关，室外机主板"保护输出"端子的黄线，经室内外机连接线直接送至室内机主板上的"室外机保护 OUT PRO"端子。

美的部分 3P 和全部 5P 的三相柜式空调器，见图 4-29，室外机设有压缩机排气管温度开关和高压开关。室外机主板"保护输出"端子的黄线，经串联高压开关和温度开关的引线后，经室内外机连接线送至室内机主板上的"室外机保护 OUT PRO"端子，即两个开关引线串接在"室外机保护"黄线之中。

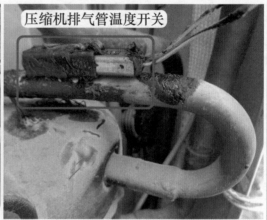

压缩机排气管压力开关 压缩机排气管温度开关

图 4-29 高压开关和温度开关

压缩机排气管压力开关又称高压开关，作用是检测排气管压力，当检测压力高于 3.0MPa 时其触点断开，当检测压力低于 2.4MPa 时其触点恢复闭合。

压缩机排气管温度开关的作用是检测排气管温度，当检测温度高于 120℃ 时其内部触点断开，当检测温度低于 100℃ 时其内部触点恢复闭合。

二、 故障分析和区分部位

1. 显示代码原因

不论任何原因使保护黄线中断，室内机主板都会显示代码保护。

1）室内外机弱电信号连接线松脱，室内机主板向室外机主板供电的直流 5V 中断，室外机主板不工作，光耦合器断开。

2）三相供电相序错误或者断相，室外机主板 CPU 控制室外机光耦合器断开。

3）运行过程中压缩机排气管高压压力过高，高压开关断开，室内机主板光耦合器次级侧无法导通。

4）运行过程中压缩机排气管温度过高，温度开关断开，室内机主板光耦合器次级侧无法导通。

5）运行过程中压缩机电流过大，室外机主板 CPU 控制室外机光耦合器断开。

6）室内外机连接线被老鼠咬断等原因断开，室内机主板光耦合器次级侧不能导通。

7）室内机主板 N 端与 L 端供电线插反，室内机主板光耦合器次级侧无法导通。

8）室内机或室外机主板损坏，CPU 工作不正常。

2. 区分故障点方法

检修时可以根据显示代码时间的长短来区分故障点。如果空调器上电即显示代码，则为电控系统故障，重点检查 1）、2）、6）、7）、8）项；如运行一段时间后显示代码，重点检查 3）、4）、5）项。

原理为室内机主板 CPU 在上电后一直在检测室外机保护电压，如出现异常则立即显示代码，重点检查电控系统部分；如在运行过程中 CPU 在 1h 内连续检测到 4 次室外机保护电压断开，则停机保护，并显示代码，重点检查系统部分，如运行压力、电流、系统是否缺氟，室外机冷凝器是否过脏，室外风机转速是否正常等。

3. 区分室内机和室外机故障

由于室外机保护电路由室外机电控、室内机电控和室内外机连接线组成，任何一部分出现问题，均可出现 E6 代码，因此在维修时应首先区分是室内机或室外机故障，以缩小故障部位，直至检查出故障根源，常见有以下两个方法。

（1）测量对接插头黄线和 L 端电压

使用万用表交流电压档，见图 4-30，红表笔接室内机接线端子上的电源相线 A 端（或 B 端或 C 端或室内机主板上的 L 端），黑表笔接室内外机连接线对接插头中室外机保护黄线，测量电压。

正常电压为交流 220V，说明室外机主板光耦合器次级导通，高压开关和温度开关触点闭合，且室内外机连接线接触良好，故障在室内机，进入本小节"4. 室内机主板故障检修流程"。

故障电压为交流 0V，说明室外机 N 线未传送至室内机主板，故障在室外机或室内外机的连接线，进入本节"三、室外机故障检修流程"。

➡ 说明：出现室外机保护故障时，实测室外机保护黄线和 L 端交流电压通常是接近 0V，而不是标准的 0V，图片显示 0V 只是示意。

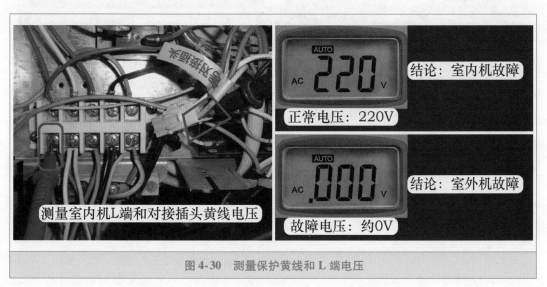

图 4-30　测量保护黄线和 L 端电压

（2）使用引线短接保护端子和 N 端

见图 4-31，拔下室内机主板"OUT PRO"端子即室外机保护黄线，同时再自备 1 根引线，按图所示接好插头。

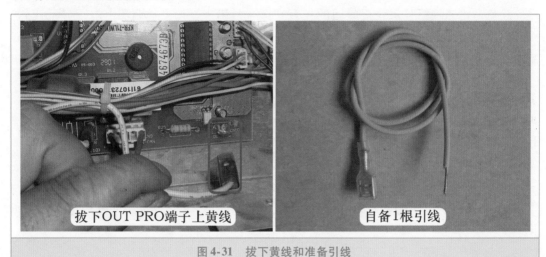

图 4-31　拔下黄线和准备引线

见图 4-32，引线一端接在室内机接线端子上的 N 端（或插在室内机主板上和 N 端相通的端子），另一端插在主板室外机保护 OUT PRO 端子上，短接保护电路的室外机电控部分，以区分出是室内机或室外机故障。

再次上电，如空调器正常开机，说明室内机主板正常，故障在室外机或连接线；如空调器故障依旧，仍显示"E6"故障代码或 3 个指示灯同时闪，则故障在室内机主板。

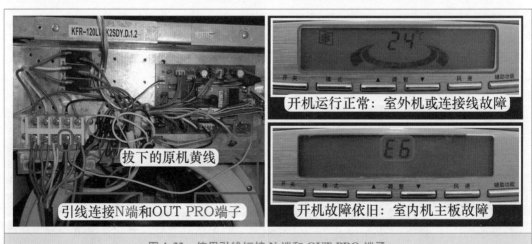

图 4-32　使用引线短接 N 端和 OUT PRO 端子

4. 室内机主板故障检修流程

区分出故障在室内机主板后，见图 4-33，可使用万用表表笔尖直接短接光耦合器次级的两个引脚，并再次上电。

上电后正常开机，说明 CPU 相关电路正常，故障在室内机主板前级保护电路，即光耦合器次级侧未导通，可检查光耦合器、68kΩ 降压电阻等，或直接更换室内机主板。

上电后故障依旧，说明室内机主板的光耦合器次级已导通，故障在 CPU 相关电路，可直接更换室内机主板试机。

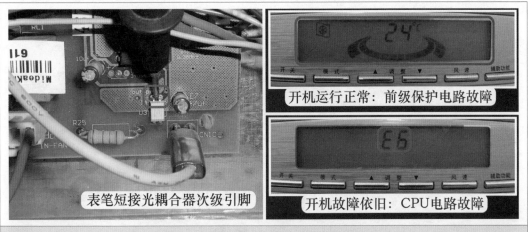

表笔短接光耦合器次级引脚

开机运行正常：前级保护电路故障

开机故障依旧：CPU电路故障

图 4-33　使用表笔尖短接光耦合器次级

三、　室外机故障检修流程

1. 测量对接插头黄线和 L 端电压

使用万用表交流电压档，见图 4-34，红表笔接室外机接线端子上电源相线 A 端，黑表笔接室内外机连接线对接插头中室外机保护黄线，测量电压。

正常电压为交流 220V，说明室外机主板光耦合器次级导通，高压开关和温度开关触点闭合，即室外机正常。如此时室内机黄线和 L 端电压为交流 0V，应检查室内外机的连接线是否正常，进入 "10. 检查方形对接插头" 步骤。

故障电压约为交流 0V，说明故障在室外机，应检查室外机主板上的黄线电压，进入下一检修步骤。

测量室外机L端和对接插头黄线电压

结论：连接线故障

正常电压：220V

结论：室外机故障

故障电压：约0V

图 4-34　测量保护黄线和 L 端电压

2. 测量室外机主板黄线和 L 端电压

见图 4-35，接室外机接线端子上 A 端相线的红表笔不动，黑表笔改接室外机主板黄线，测量电压。

正常电压为交流 220V，说明室外机主板光耦合器次级导通，故障在高压开关或温度开关触点断开，应进入"9. 测量高压开关和温度开关阻值"步骤。

故障电压为交流 0V，说明室外机主板光耦合器次级未导通，故障在室外机主板，如交流 380V 无电源、断相或相序错、为室外机主板供电的 5V 电压断路等，进入下一检修步骤。

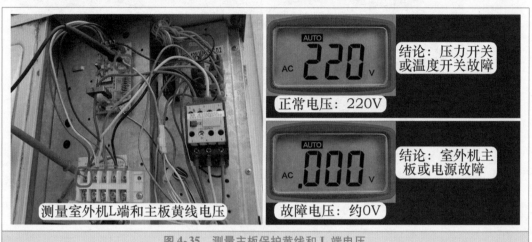

结论：压力开关或温度开关故障

正常电压：220V

结论：室外机主板或电源故障

故障电压：约0V

测量室外机L端和主板黄线电压

图 4-35　测量主板保护黄线和 L 端电压

3. 按压交流接触器按钮，聆听压缩机声音

用手按压交流接触器上的按钮，见图 4-36，强制使触点闭合为压缩机供电，仔细聆听压缩机声音来判断故障。

压缩机无声音或只有"嗡嗡"声：说明交流 380V 无电源或断相故障，应检查接线端子电压，进入下一检修步骤。

压缩机运行声音沉闷：再用另外一只手摸吸气管和排气管感觉温度，如无变化、均接近常温，说明电源供电相序错误，进入"5. 对调接线端子引线"步骤。

压缩机运行声音正常：同时手摸压缩机排气管温度迅速上升、吸气管温度迅速变凉，说明电源供电相序正常，故障在室外机主板，进入"6. 测量 5V 电压"步骤。

无声音或只有"嗡嗡"声：380V无电源或断相故障

运行声音沉闷：相序错

运行声音正常：室外机主板故障

按压交流接触器按钮，聆听压缩机声音

图 4-36　强制起动压缩机

4. 测量接线端子电源电压

使用万用表交流电压档，见图 4-37，使用表笔逐个测量 A-B 端子、A-C 端子、B-C 端子间电压，正常时 3 次应均为 380V；如出现 1 次或 2 次或 3 次接近 0V，则说明电源断相；如出现低于 380V 电压较多（如 100V 或 200V），说明对应相线接触不良。

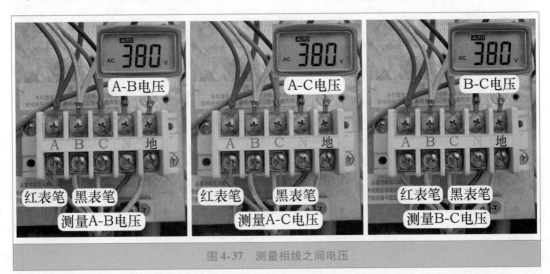

图 4-37　测量相线之间电压

如 3 次电压均为交流 380V 时，应再使用万用表交流电压档，见图 4-38，测量 A-N 端子、B-N 端子、C-N 端子间电压，3 次测量应均为交流 220V，才能说明电源供电正常；如出现 3 次电压均为 0V，说明 N 端零线未接通；如出现 1 次或 2 次接近 0V，也可说明电源断相故障；如出现低于交流 220V 电压较多（如 100V 或 150V），说明对应相线接触不良。

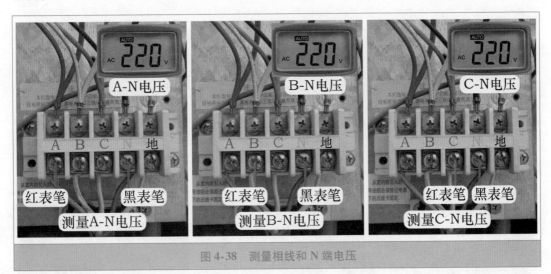

图 4-38　测量相线和 N 端电压

5. 对调接线端子引线

当出现电源供电相序错误时，维修时任意对调两根供电相线位置，即对调 A-B 引线或 A-C 引线或 B-C 引线，均可排除相序错误故障。

见图4-39，本例对调A-B引线，对调前A端为红线，B端为白线，对调后A端为白线，B端为红线。

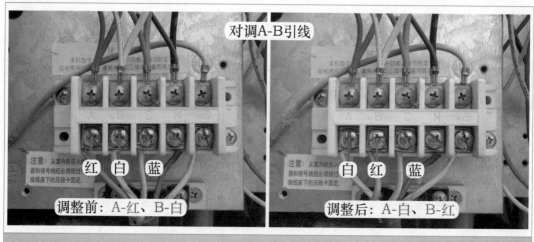

图4-39 对调接线端子引线

6. 测量5V电压

当判断故障在室外机主板时，应检查5V供电是否正常，见图4-40，可通过查看指示灯亮度和测量插头电压来确定。

如查看指示灯时3个均为熄灭状态，说明室外机主板CPU未工作，应测量5V电压；如3个指示灯有1个点亮或闪烁，说明CPU已工作，故障通常为室外机主板损坏。

测量5V电压时，使用万用表直流电压档，黑表笔接黑线，红表笔接白线。

正常电压为直流5V，说明供电正常，故障在室外机主板，应进入"8. 短接室外机主板输入和输出功能"步骤来确定。

故障电压为直流0V，说明光耦合器次级未导通原因为室外机CPU未工作，应检查室内外机连接线中5V电压的对接插头或连接线，进入下一检修步骤。

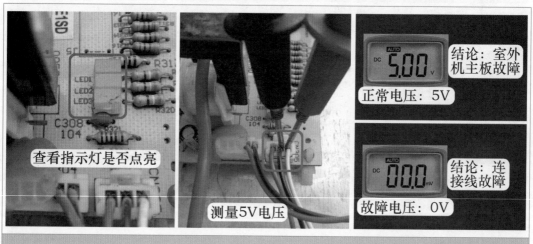

图4-40 测量5V电压

7. 检查 5V 电压对接插头

室内外机共有 3 束连接线。1 束最粗有 5 根引线，即 3 根相线、1 根 N 零线、1 根地线，连接室内机和室外机接线端子，作用是室内机向室外机供电；1 束为 5 根引线，连接室内机和室外机电控系统，使用方形对接插头；1 束最细有 3 根引线，作用为室内机主板向室外机主板提供的 5V 电压和连接室外管温传感器。

见图 4-41，检查最细的 3 根连接线，重点检查室外机主板插头、室内机主板插头、室内机和室外机连接线的对接插头是否接触不良导致断路，以及室内外机连接线是否因老鼠咬断而引起的断路等，找到故障部位并排除，使室内机主板的 5V 电压能正常输送至室外机主板。

检查室外机和室内机5V电压对接插头

图 4-41 检查 5V 电压对接插头

8. 短接室外机主板输入和输出功能

当检查为室外机主板故障时，为确定故障范围，可短接室外机主板输入和输出引线，见图 4-42 左图，输入引线为黑线，通过插座连接至室外机接线端子上的 N 端；输出引线为黄线，通过串接高压开关和温度开关插头连接至室内外机对接插头，常见短接方法有两种。

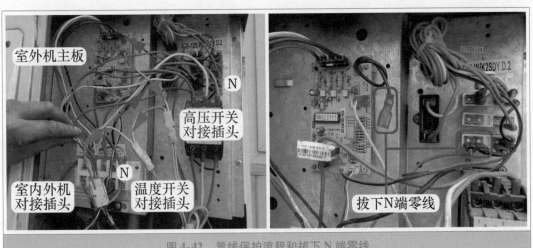

室外机主板

N

高压开关
对接插头

室内外机
对接插头

N

温度开关
对接插头

拔下N端零线

图 4-42 黄线保护流程和拔下 N 端零线

➡️ **说明**：短接方法也适用于判断室外机主板损坏，但暂时没有备件更换，而用户又着急使用空调器的应急维修方法。

（1）黄线插至 N 端插座

见图 4-42 右图和图 4-43，拔下室外机主板输入黑线在 N 端插座的插头，并将输出黄线插至 N 端插座，再次上电开机。

开机后空调器运行正常，可确定室外机主板损坏，应更换室外机主板。

开机后空调器不能开机且故障依旧：可排除室外机主板故障，应检查高压开关或温度开关阻值，进入下一检修步骤。

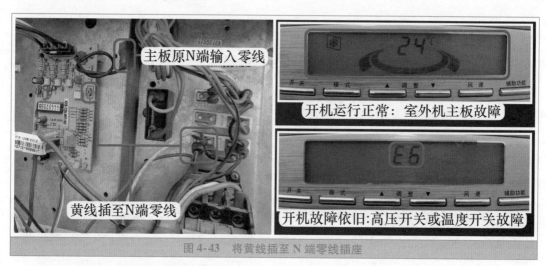

图 4-43　将黄线插至 N 端零线插座

（2）短接输入黑线和输出黄线插头

见图 4-44，拔下室外机主板输入黑线和输出黄线插头，褪去绝缘护套，将两个端子直接相连，再次上电开机。

开机后空调器运行正常，可确定室外机主板损坏，应更换室外机主板。

开机后空调器不能运行且故障依旧：排除室外机主板故障，可检查高压开关或温度开关阻值。

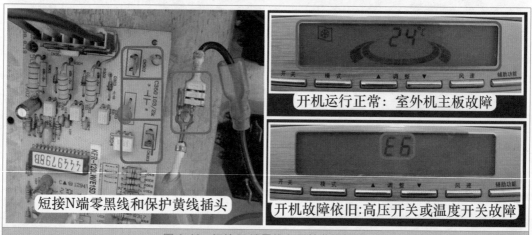

图 4-44　短接 N 端黑线和保护黄线插头

9. 测量高压开关和温度开关阻值

当测量室外机对接插头黄线与 L 端电压为 0V，且室外机主板黄线与 L 端电压为 220V 时，应断开空调器电源，测量压缩机排气管高压开关和温度开关阻值。

（1）测量高压开关阻值

找到高压开关并拔出引线对接插头，使用万用表电阻档，见图 4-45，测量插头阻值。

正常阻值为 0Ω，说明高压开关正常，应检查温度开关阻值。

故障阻值为无穷大，说明高压开关开路损坏，应更换。

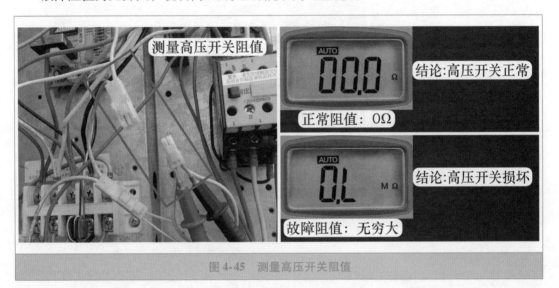

图 4-45　测量高压开关阻值

（2）测量温度开关阻值

找到温度开关并拔出引线对接插头，使用万用表电阻档，见图 4-46，测量插头阻值。

正常阻值为 0Ω，说明温度开关正常，应检查连接线对接插头是否接触不良。

故障阻值为无穷大，说明温度开关开路损坏，应更换。

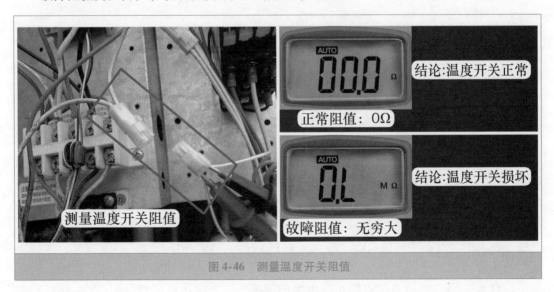

图 4-46　测量温度开关阻值

10. 检查方形对接插头

当检查室外机对接插头中黄线与 L 端电压为 220V，但室内机对接插头黄线与 L 端电压为 0V 时，见图 4-47，应检查室外机方形对接插头和室内机方形对接插头是否接触不良导致断路，以及室内外机连接线是否因老鼠咬断而引起的断路等，找到故障部位并排除，使室内机对接插头上黄线与 L 端电压为交流 220V。

检查室外机和室内机连接线对接插头　　检查室内外机连接线

图 4-47　检查方形对接插头

第三节　格力空调器 E1 故障电路原理和检修流程

一、电路原理和主要元器件

1. 电路原理

E1：系统高压保护。当 CPU 连续 3s 检测到高压保护（大于 3MPa）时，关闭除灯箱外的所有负载，屏蔽所有按键及遥控信号，指示灯闪烁并显示 E1。如果显示板组件只使用指示灯，表现为运行指示灯灭 3s/闪 1 次。

高压保护电路原理图见图 4-48，实物图见图 4-49，高压保护电路电压与整机状态的对应关系见表 4-4。高压保护电路由室外机电流检测板、高压压力开关（高压开关）、室内外机连接线、室内机主板和显示板组成。

空调器上电后，室外机电流检测板上继电器触点闭合，高压开关的触点也处于闭合状态。室外机接线端子上 N 端蓝线经继电器触点至高压开关，输出黄线经室内外机连接线中的黄线送至室内机主板上 OVC 端子（黄线），此时为零线 N，与主板 L 端（接线端子上 L1）形成交流 220V，经电阻 R2、R26、R27、R3 降压、二极管 D1 整流、电容 C201 滤波，在光耦合器 PC2 初级侧形成约直流 1.1V 电压，PC2 内部发光二极管发光，次级侧光敏晶体管导通，5V 电压经电阻 R1、PC2 次级送到主板 CN6 插座中的 OVC 引线，为高电平约直流 4.6V，经室内机主板和显示板的连接线送至显示板，经电阻 R731 送到 CPU

的⑳脚，CPU 根据高电平 4.6V 判断高压保护电路正常，处于待机状态。

表 4-4　高压保护电路电压与整机状态的对应关系

电流检测板触点状态	高压开关触点状态	主板 OVC 与 L 端电压	PC2 初级侧电压	PC2 次级侧状态	主板 OVC 引线与 CPU⑳脚电压	整机状态
闭合	闭合	AC 220V	DC 1.1V	导通	DC 4.6V	正常
闭合	断开	AC 0V	DC 0.8V	断开	DC 0V	E1
断开	闭合	AC 0V	DC 0.8V	断开	DC 0V	E1

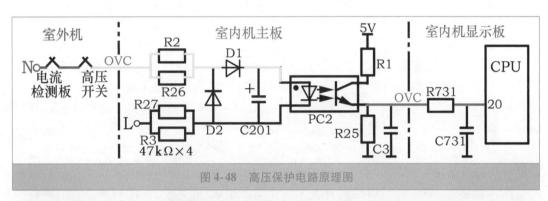

图 4-48　高压保护电路原理图

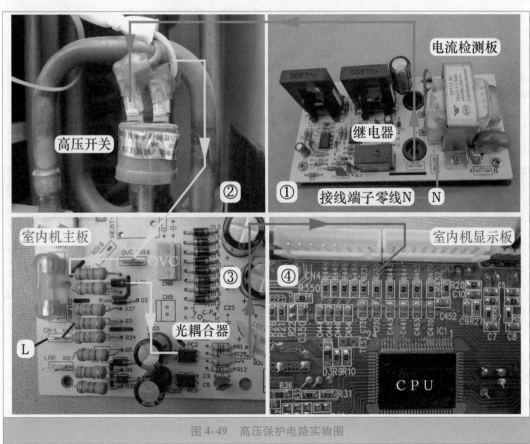

图 4-49　高压保护电路实物图

待机或开机状态下由于某种原因（如高压开关触点断开），即 N 端零线开路，室内机主板 OVC 端子与 L 端不能形成交流 220V 电压，光耦合器 PC2 初级侧电压约直流 0.8V，PC2 发光二极管不能发光，次级侧断开，5V 电压经电阻 R1 断路，室内机主板 CN6 插座中 OVC 引线经电阻 R25 接地为低电平 0V，经连接线送至 CPU 的⑳脚，CPU 根据低电平 0V 判断高压保护电器出现故障，3s 后立即关闭所有负载，报出 E1 的故障代码，指示灯持续闪烁。

2. 室外机电流检测板

压缩机线圈共有 3 根引线，室外机电流检测板检测其中的两根引线电流。当检测电流过大时，控制继电器触点断开，高压保护电路随之断开，室内机显示板 CPU 检测后控制停机并显示 E1 代码，从而保护压缩机。电流检测板实物外形见图 4-50。

1）共有 4 个接线端子。其中 L 端与 N 端为供电，为电路板提供交流 220V 电源，相当于输入侧；1 和 2 为继电器触点，串接在高压保护电路中，相当于输出侧。

2）供电：设有变压器（二次绕组输出交流 13V）、桥式整流电路、滤波电容、7812 稳压块等元器件，为电路板提供稳定的直流 12V 电压。

3）电路板设有两个电流互感器和两个 LM358 运算放大器，组成两路相同的电流检测电路，两路电路并联，共同驱动 1 个晶体管。待机状态或运行状态电流处于正常范围内时，晶体管导通，继电器线圈得到直流 12V 供电，继电器触点处于闭合状态；当两路中任意一路电流超过额定值，均可控制晶体管截至，继电器线圈电压为直流 0V，触点断开，高压保护电路断开，CPU 检测后停机并显示 E1 代码。

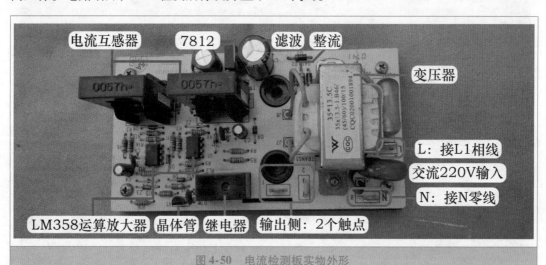

图 4-50　电流检测板实物外形

3. 高压压力开关

实物外形见图 4-51，压力开关（压力控制器）是将压力转换为触点接通或断开的器件，高压压力开关的作用是检测压缩机排气管的压力。5P 柜式空调器室外机使用型号为 YK-3.0MPa 的压力开关，主要参数如下。

1）动作压力为 3.0MPa，恢复压力为 2.4MPa，即压缩机排气管压力高于 3.0MPa 时压力开关的触点断开，低于 2.4MPa 时压力开关的触点闭合。

2）压力开关触点最高工作电压为交流 250V，最大电流为 3A。

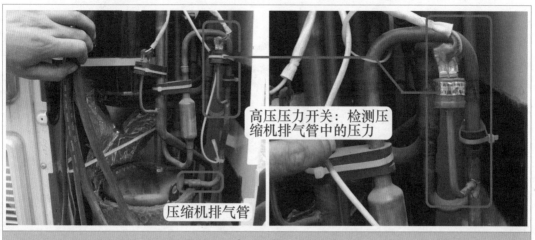

图 4-51 高压压力开关实物外形

二、区分室内机或室外机故障

由于高压保护电路由室外机电控、室内机电控和室内外机连接线组成，任何一部分出现问题，均可出现 E1 代码，因此在维修时应首先区分是室内机或室外机故障，以缩小故障部位，直至检查出故障根源。常见有 3 种区分方法。

1. 测量 OVC 黄线和 L 端子电压

使用万用表交流电压档，见图 4-52，红表笔接室内机主板上电源相线的 L 端（或接室内机接线端子上的 L1 端子），黑表笔接室内机主板上高压保护黄线的 OVC 端子。

正常电压为交流 220V，说明室外机电流检测板继电器触点闭合，高压开关触点闭合，且室内外机连接线接触良好，故障在室内机，进入本节第三部分"三、室内机故障检修流程"。

故障电压为交流 0V，说明室外机 N 线未传送至室内机主板，故障在室外机或室内外机的连接线，进入本节第四部分"四、室外机故障检修流程"。

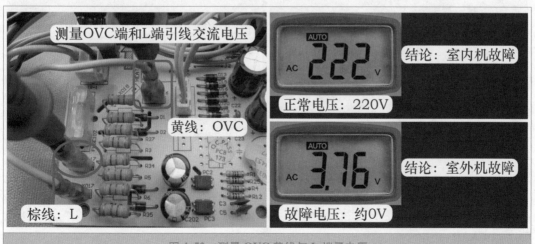

图 4-52 测量 OVC 黄线与 L 端子电压

2. 短接 OVC 和 N 端子

见图 4-53，拔下室内机主板上 OVC 端子上的黄线，同时再自备 1 根引线，两端接上插头。

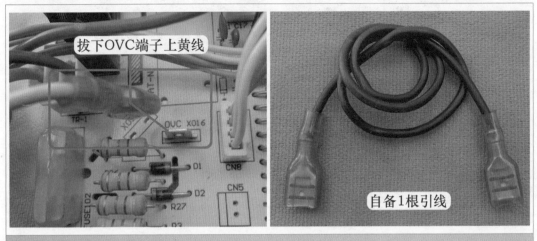

拔下OVC端子上黄线

自备1根引线

图 4-53 拔下 OVC 端子黄线

见图 4-54，自备引线一端直接插在室内机主板上和 N 相通的端子（或插在室内机接线端子上的 N 端子），另一端插在主板 OVC 端子，短接高压保护电路的室外机电控部分，以区分出是室内机或室外机故障，并再次上电。

正常时空调器开机，说明室内机主板和显示板正常，故障在室外机或室内外机连接线。

故障时空调器不能开机，仍显示"E1"故障代码或上电无反应，则故障在室内机。

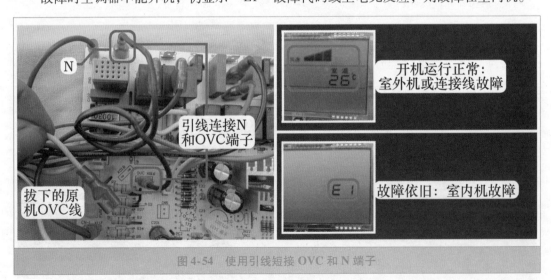

N

引线连接N和OVC端子

拔下的原机OVC线

开机运行正常：室外机或连接线故障

故障依旧：室内机故障

图 4-54 使用引线短接 OVC 和 N 端子

3. 断电测量 OVC 黄线与 N 端阻值

断开空调器电源，使用万用表电阻档，测量方形对接插头中的 OVC 黄线与室内机接线端子上的 N 端阻值。

三相 5P 空调器室外机设有电流检测板，其继电器触点在未上电时为断开状态，见图

4-55 左图，正常阻值为无穷大。

见图 4-55 右图，单相 3P 空调器室外机高压保护电路中只有高压压力开关，正常阻值为 0Ω。

也就是说，测量 5P 空调器如实测阻值为无穷大时，不能直接判断室外机高压保护电路损坏，应辅助其他测量方法再确定故障部位；而测量 3P 空调器阻值为无穷大时，可直接判断室外机有故障。

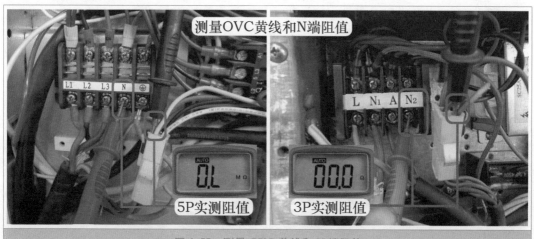

图 4-55　测量 OVC 黄线和 N 端阻值

三、　室内机故障检修流程

室内机电控部分由室内机主板和显示板组成，如果确定故障在室内机，即室外机和室内外机连接线正常，应做进一步检查，判断故障是在室内机主板还是在显示板，常见有 3 种测量方法。

1. 测量 OVC 和 GND 引线直流电压

使用万用表直流电压档，见图 4-56，黑表笔接 CN6 插座上的 GND 引线（即地线），红表笔接 OVC 引线，测量高压保护电路电压。

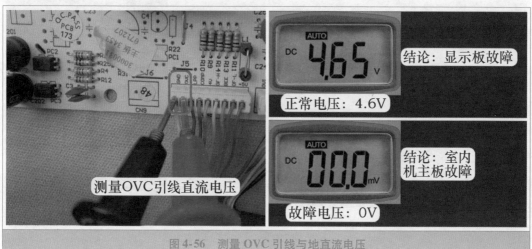

图 4-56　测量 OVC 引线与地直流电压

正常电压为直流 4.6V，说明光耦合器 PC2 次级侧已经导通，故障在显示板，可更换显示板试机。

故障电压为直流 0V，说明光耦合器 PC2 次级侧未导通，故障在室内机主板，可更换室内机主板试机。

2. 短路光耦合器次级引脚

见图 4-57，使用万用表的表笔尖直接短接光耦合器 PC2 次级侧的两个引脚，并再次上电。

正常时空调器开机，说明显示板正常，故障在室内机主板的高压保护电路，即光耦合器次级侧未导通，可更换室内机主板试机。

故障时空调器不能开机，说明室内机主板的光耦合器次级已导通，故障在显示板或显示板和室内机主板的连接线未导通。

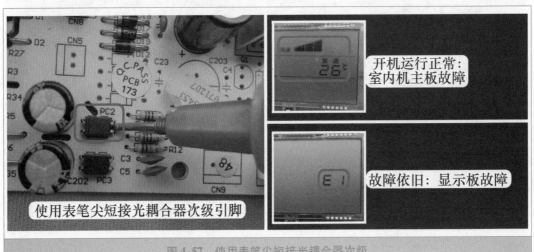

图 4-57 使用表笔尖短接光耦合器次级

3. 短接 OVC 和 5V 引线

找一段引线，并在两端剥开适当长度的接头，见图 4-58，短接室内机主板 CN6 插座

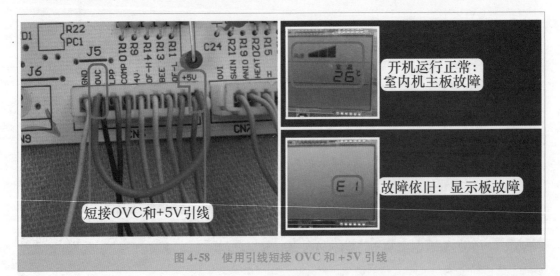

图 4-58 使用引线短接 OVC 和 +5V 引线

上的 OVC（黑线）和 +5V（棕线）引线，并再次上电。

正常时空调器开机，说明显示板正常，故障在室内机主板的高压保护电路，可更换室内机主板试机。

故障时空调器不能开机，说明室内机主板正常，故障在显示板或显示板和室内机主板的连接线未导通。

➡ 说明：本方法也适用于室内机主板上的高压保护电路损坏，需更换室内机主板，但暂时无配件更换，而用户又着急使用空调器的应急措施。

四、 室外机故障检修流程

1. 测量室外机黄线电压

使用万用表交流电压档，见图 4-59，红表笔接方形对插头中的高压保护黄线，黑表笔接室外机接线端子上的 L1 端子。

正常电压为交流 220V，说明室外机电流检测板继电器触点闭合，高压压力开关触点闭合，即室外机正常。如此时室内机 OVC 端子和 L 端子电压为交流 0V，应检查室内外机的连接线是否正常。

故障电压约为交流 0V，说明故障在室外机，应检查电流检测板和高压压力开关，进入第 2 检修流程。如为 3P 空调器，因未设计电流检测板，应直接检查高压压力开关，进入第 3 检修流程。

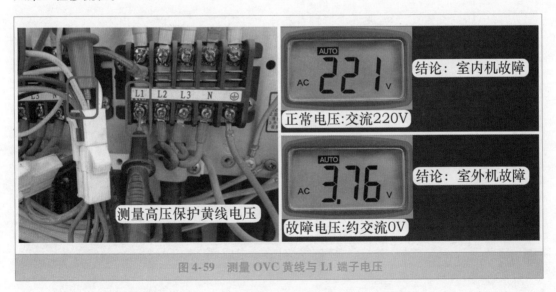

图 4-59　测量 OVC 黄线与 L1 端子电压

2. 电流检测板检修流程

见图 4-60，电流检测板检测压缩机线圈两相电流，输出侧即继电器触点的两个端子，其中一端直接连接室外机接线端子上的零线 N，一端输出去高压压力开关。判断电流检测板故障时常见有 3 种方法。

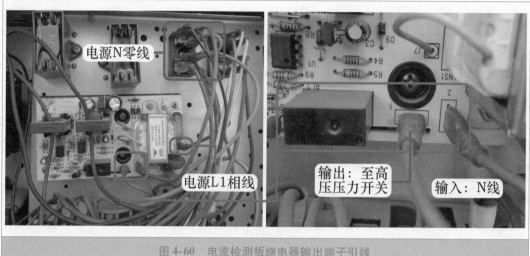

图 4-60　电流检测板继电器输出端子引线

（1）测量输出引线和 L1 引线交流电压

使用万用表交流电压档，见图 4-61，黑表笔接电流检测板输出蓝线（零线），红表笔接电流检测板上输入侧的 L 端棕线（或接室外机接线端子上 L1 端），测量输出蓝线电压。

正常电压为交流 220V，说明继电器触点闭合，可判断电流检测板正常，应检查高压压力开关阻值。

故障电压约交流 0V，说明继电器触点断开，可判断为电流检测板损坏。

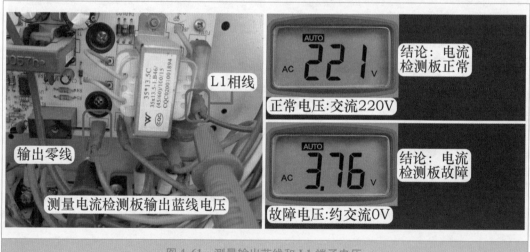

图 4-61　测量输出蓝线和 L1 端子电压

（2）测量输出端子阻值

见图 4-62，拔下继电器端子即输出侧高压保护电路引线，将空调器上电但不开机即处于待机状态时，使用万用表电阻档测量继电器输出端子阻值。

正常阻值为 0Ω，可判断电流检测板正常。

故障阻值为无穷大，可直接判断为电流检测板故障。

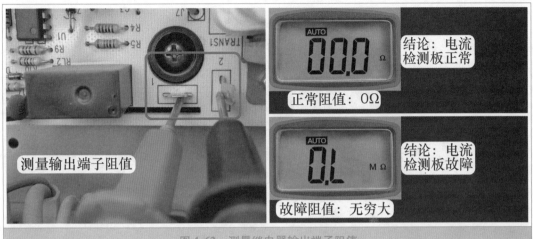

图4-62　测量继电器输出端子阻值

（3）短接输出端子引线

如果在检修时因没有万用表而无法测量，为判断电流检测板是否正常时，见图4-63，可拔下继电器输出端子的两根蓝线并直接相连，相当于短接电流检测板功能，并再次上电开机。

正常时空调器开机，可判断为电流检测板故障。

故障时空调器不能开机，依旧显示 E1 代码，可判断电流检测板正常，应检查其他故障原因。

➡ 说明：此方法也适用于确定电流检测板损坏但暂时没有配件更换，而用户又着急使用空调器时，可拔下继电器端子的两根蓝线并直接相连，再次开机空调器也能正常运行，待到有配件再进行更换即可。注意，一定要确定空调器无故障且三相电源电压正常，否则，压缩机工作在过电流状态容易损坏。

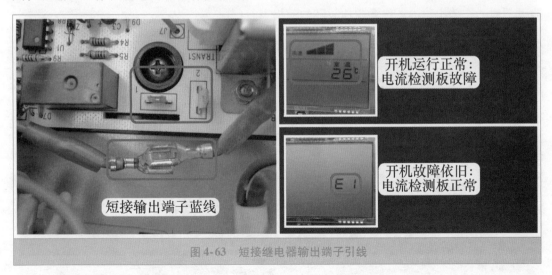

图4-63　短接继电器输出端子引线

3. 检查高压压力开关

判断高压压力开关故障，常见有两种检查方法。

（1）测量触点阻值

断开空调器电源，使用万用表电阻档，见图4-64，测量高压压力开关阻值。

正常阻值为0Ω，说明高压压力开关正常。

故障阻值为无穷大，说明高压压力开关损坏。

图4-64　测量高压压力开关阻值

（2）短接引线

如果暂时没有万用表或由于其他原因无法测量，可直接短接两根引线，见图4-65，即短接高压压力开关，再次上电开机。

正常时空调器开机，说明高压压力开关损坏。

故障时空调器不能开机，依旧显示 E1 代码，说明高压压力开关正常，应检查高压保护电路中的其他部位。

➡ 说明：此方法也适用于确定高压压力开关损坏，但暂时无法更换，而用户又着急使用空调器时，在确定制冷系统无其他故障的前提下，可应急使用。

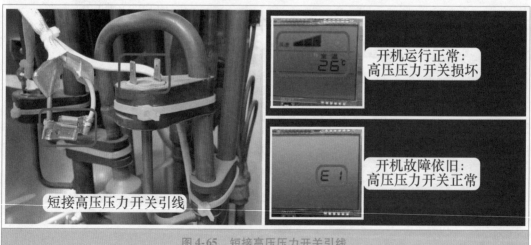

图4-65　短接高压压力开关引线

第五章

Chapter 5

变频空调器电控系统基础知识

第一节　变频空调器与定频空调器硬件的区别

　　本节选用定频和变频空调器的两款典型机型，比较两类空调器硬件之间的相同点与不同点，使读者对变频空调器有初步的了解，定频空调器选用格力 KFR-23GW/（23570）Aa-3，变频空调器选用海信 KFR-26GW/11BP。

一、　室内机

1. 外观

　　室内机外观对比见图5-1，两类空调器的进风格栅、进风口、出风口、导风板和显示板组件设计形状或作用基本相同，部分部件甚至可以通用。

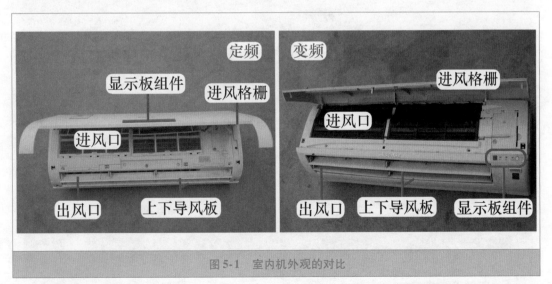

图 5-1　室内机外观的对比

2. 主要元器件设计位置

　　两类空调器的主要元器件设计位置基本相同，见图5-2，包括蒸发器、电控盒、接水盘、步进电机、风门叶片（导风板）、贯流风扇和室内风机等。

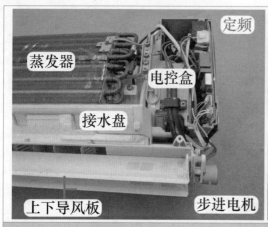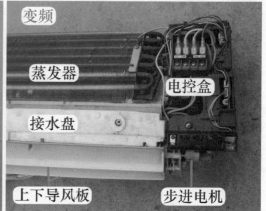

图5-2　主要元器件设计位置的对比

3. 制冷系统部件

室内机制冷系统中的部件见图5-3，两类空调器中设计相同，只有蒸发器。

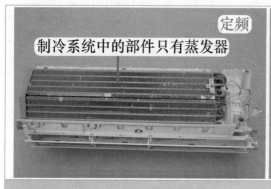

图5-3　室内机制冷系统部件的对比

4. 通风系统

两类空调器通风系统使用相同型式的贯流风扇，见图5-4，均由带有霍尔反馈功能的PG电机驱动，室内风扇（贯流风扇）和室内风机（PG电机）在两类空调器中可以相互通用。

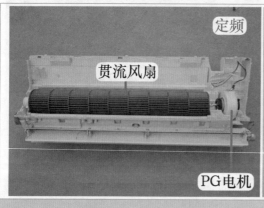

图5-4　室内机通风系统的对比

5. 辅助系统

接水盘和导风板在两类空调器的设计位置与作用相同。

6. 电控系统

两类空调器的室内机主板，在控制原理方面最大的区别在于，定频空调器的室内机主板是整个电控系统的控制中心，对空调器整机进行控制，室外机不再设置电路板；变频空调器的室内机主板只是电控系统的一部分，工作时处理输入的信号，处理后传送至室外机主板，才能对空调器整机进行控制，也就是说室内机主板和室外机主板一起才能构成一套完整的电控系统。

（1）室内机主板

由于两类空调器的室内机主板单元电路相似，在硬件方面有许多相同的地方。其中不同之处见图5-5，定频空调器室内机主板使用3个继电器为压缩机、室外风机和四通阀线圈供电；变频空调器的室内机主板只使用1个继电器为室外机供电，并增加通信电路与室外机主板传递信息。

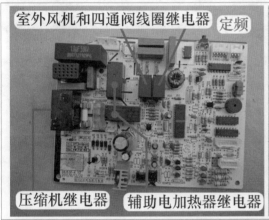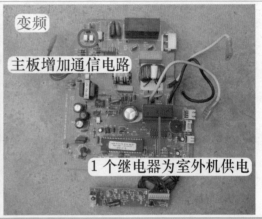

图 5-5　室内机主板区别之处的对比

（2）接线端子

从两类空调器接线端子上也能看出控制原理的区别，见图5-6，定频空调器的室内

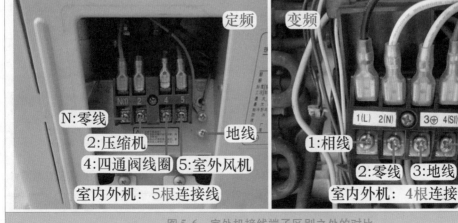

图 5-6　室外机接线端子区别之处的对比

外机接线端子上共有 5 根引线：功能分别是地线、公用零线 N、压缩机引线、室外风机引线和四通阀线圈引线；而变频空调器则只有 4 根引线：功能分别是相线、零线、地线和通信线。

二、 室外机

1. 外观

从外观上看，见图 5-7，两类空调器进风口、出风口、管道接口和接线端子等部件的位置与形状基本相同，没有明显的区别。

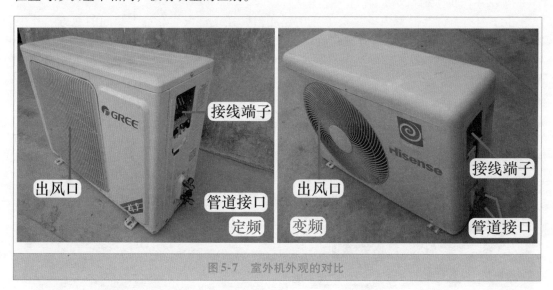

图 5-7　室外机外观的对比

2. 主要部件设计位置

室外机的主要部件见图 5-8，如冷凝器、室外风扇（轴流风扇）、室外风机（轴流电机）、压缩机、毛细管、四通阀和电控盒的设计位置也基本相同。

图 5-8　室外机主要部件设计位置的对比

3. 制冷系统

在制冷系统方面，见图5-9，两类空调器中的冷凝器、毛细管、四通阀和过冷管组（单向阀与辅助毛细管）等部件，设计的位置与工作原理基本相同，有些部件可以通用。

最大的区别在于压缩机，其设计位置和作用相同，但工作原理（或称为方式）不同，定频空调器供电为输入的市电交流220V，由室内机主板提供，转速、制冷量和耗电量均为额定值，而变频空调器压缩机的供电由模块提供，运行时转速、制冷量和耗电量均可连续变化。

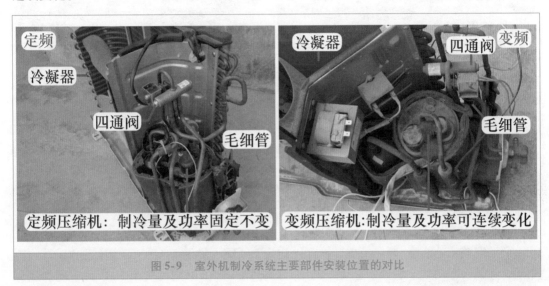

图5-9 室外机制冷系统主要部件安装位置的对比

4. 节流方式

节流方式的对比见图5-10，定频空调器的制冷系统节流方式通常使用毛细管，而大部分变频空调器制冷系统的节流方式也通常使用毛细管，只有部分高档的全直流变频空调器使用电子膨胀阀。

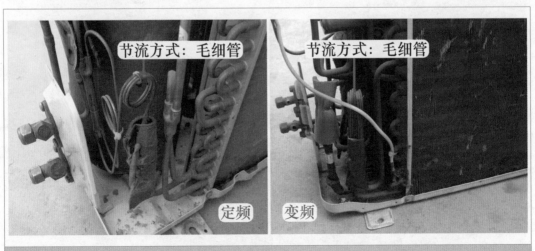

图5-10 室外机节流方式的对比

5. 通风系统

两类空调器的室外机通风系统部件均为轴流风扇和室外风机，见图5-11，工作原理和外观基本相同，室外风机均使用交流220V供电，不同的地方是，定频空调器由室内机主板供电，变频空调器由室外机主板供电。

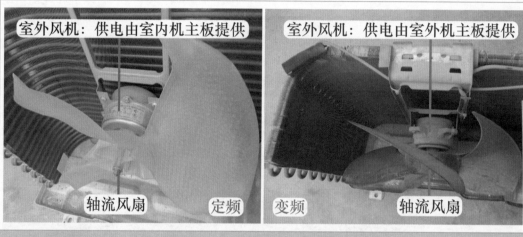

图 5-11 室外机通风系统的对比

6. 制冷/制热状态转换

两类空调器的制冷/制热模式转换部件均为四通阀，见图5-12，工作原理与设计位置相同，四通阀在两类空调器中也可以通用，四通阀线圈供电均为交流220V，不同的地方是，定频空调器由室内机主板供电，变频空调器由室外机主板供电。

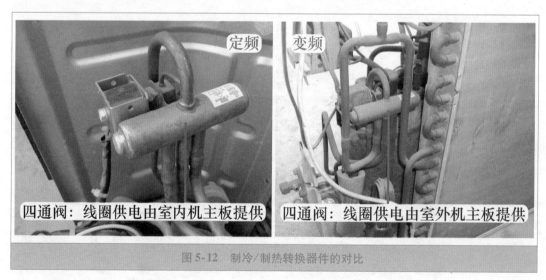

图 5-12 制冷/制热转换器件的对比

7. 电控系统

两类空调器硬件方面最大的区别是室外机电控系统，区别如下。

（1）室外机主板和模块

室外机电控系统主要元件的对比见图5-13。

定频空调器室外机未设置电控系统，只有压缩机电容和室外风机电容，而变频空调器则设计有复杂的电控系统，主要部件是室外机主板和模块等。

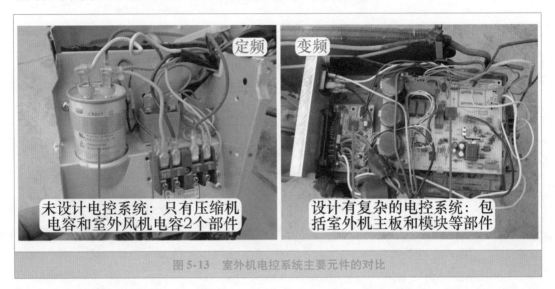

图 5-13　室外机电控系统主要元件的对比

（2）压缩机起动方式

压缩机起动方式的对比见图 5-14。

定频空调器压缩机由电容直接起动运行，工作电压为交流 220V，频率为 50Hz，转速约为 2900r/min。

变频空调器压缩机由模块供电，工作电压为交流 30 ~ 220V、频率为 15 ~ 120Hz、转速为 1500 ~ 9000r/min。

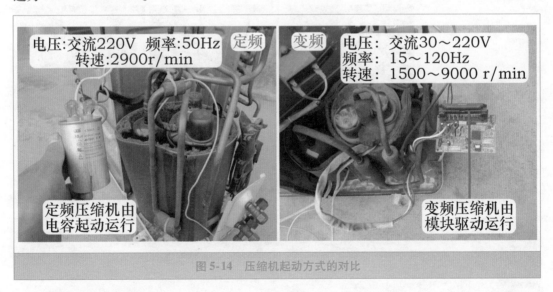

图 5-14　压缩机起动方式的对比

（3）电磁干扰保护

电磁干扰保护的对比见图 5-15。

变频空调器由于模块等部件工作在开关状态，使得电路中电流谐波成分增加，降低功率因数，因此增加滤波电感等部件，定频空调器则不需要设计此类部件。

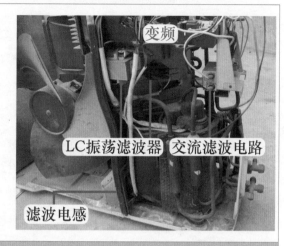

图 5-15　电磁干扰保护的对比

（4）温度检测

温度检测元件的对比见图 5-16。

变频空调器为了对压缩机运行时进行最好的控制，设计了室外环温传感器、室外管温传感器和压缩机排气传感器，定频空调器一般没有设计此类器件（只有部分机型设置有室外管温传感器）。

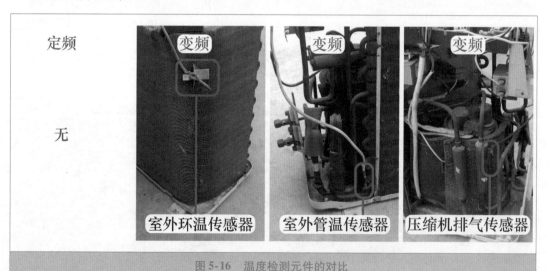

图 5-16　温度检测元件的对比

三、结论

1. 通风系统

室内机均使用贯流式通风系统，室外机均使用轴流式通风系统，两类空调器相同。

2. 制冷系统

均由压缩机、冷凝器、毛细管、蒸发器四大部件组成。区别是压缩机工作原理不同。

3. 主要部件设计位置

两类空调器基本相同。

4. 电控系统

两类空调器电控系统工作原理不同，硬件方面室内机有相同之处，最主要的区别是室外机电控系统。

5. 压缩机

这是定频空调器与变频空调器最根本的区别，变频空调器的室外机电控系统就是为控制变频压缩机而设计。也可以简单地理解为，将定频空调器的压缩机换成变频压缩机，并配备与之配套的电控系统（方法是增加室外机电控系统，更换室内机主板部分元件），那么这台定频空调器就可以改称为变频空调器。

第二节　工作原理和分类

本节介绍变频空调器的节电原理、工作原理、分类及交流变频空调器与直流变频空调器的相同之处和不同之处。

由于直流变频空调器与交流变频空调器的工作原理、单元电路、硬件基本相似，且出现故障时维修方法也基本相同，因此本书重点介绍最普通但具有代表机型、社会保有量最大、大部分已进入维修期的交流变频空调器。

一、　变频空调器节电原理

最普通的交流变频空调器与典型的定频空调器相比，只是压缩机的运行方式不同，定频空调器压缩机供电由市电直接提供，电压为交流 220V，频率为 50Hz，理论转速为 3000r/min，运行时由于阻力等原因，实际转速约为 2900r/min，因此制冷量也是固定不变的。

变频空调器压缩机的供电由模块提供，模块输出的模拟三相交流电，频率可以在 15～120Hz 变化，电压可以在 30～220V 之间变化，因而压缩机转速可以在 1500～9000r/min 的范围内运行。

压缩机转速升高时，制冷量随之加大，制冷效果加快，制冷模式下房间温度迅速下降，相对应此时空调器耗电量也随之上升；当房间内温度下降到设计温度附近时，电控系统控制压缩机转速降低，制冷量下降，维持房间温度，相对应的此时耗电量也随之下降，从而达到节电的目的。

二、　工作原理

图 5-17 为变频空调器工作原理框图，图 5-18 为实物图。

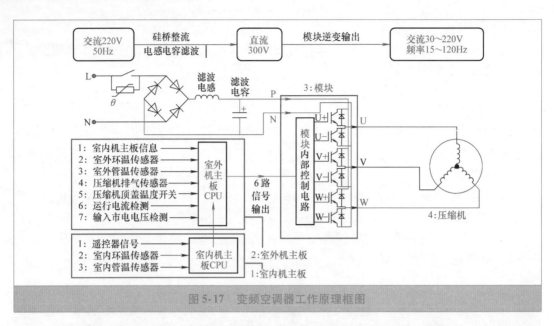

图 5-17　变频空调器工作原理框图

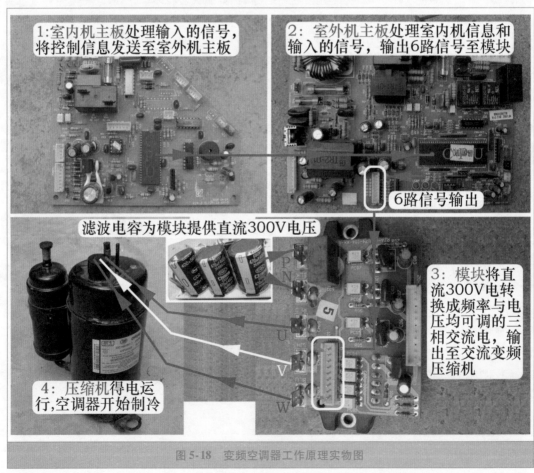

图 5-18　变频空调器工作原理实物图

　　室内机主板 CPU 接收遥控器发送的设定模式与设定温度，与环温传感器温度相比较，如达到开机条件，控制室内机主板主控继电器触点吸合，向室外机供电；室内机主板CPU 同时根据蒸发器温度信号，结合内置的运行程序计算出压缩机的目标运行频率，通过通信电路传送至室外机主板 CPU，室外机主板 CPU 再根据室外环温传感器、室外管温传感器、压缩机排气传感器和市电电压等信号，综合室内机主板 CPU 传送的信息，得出压缩机的实际运行频率，输出 6 路信号（控制信号）至智能功率模块（IPM）。

模块是将直流 300V 电转换为频率与电压均可调的三相变频装置，内含 6 个大功率场效应晶体管（IGBT），构成三相上下桥式驱动电路，室外机主板 CPU 输出的 6 路信号使每只 IGBT 开关管导通 180°，且同一桥臂的两只 IGBT 开关管一只导通时，另一只必须关闭，否则会造成直流 300V 直接短路。且相邻两相的 IGBT 开关管导通相位差在 120°，在任意 360° 内都有三只 IGBT 开关管导通以接通三相负载。在 IGBT 开关管导通与截止的过程中，输出的三相模拟交流电中带有可以变化的频率，且在一个周期内，如 IGBT 开关管导通时间长而截止时间短，则输出的三相交流电的电压相对应就会升高，从而达到频率与电压均可调的目的。

模块输出的三相模拟交流电，加在压缩机的三相感应电动机上，压缩机运行，系统工作在制冷或制热模式。如果室内温度与设定温度的差值较大，室内机主板 CPU 处理后送至室外机主板 CPU，输出 6 路信号使模块内部的 IGBT 开关管导通时间长而截止时间短，从而输出频率与电压均相对较高的三相模拟交流电加至压缩机，压缩机转速加快，单位制冷量也随之加大，达到快速制冷的目的；反之，当房间温度与设计温度的差值变小时，室外机主板 CPU 输出的 6 路信号使模块输出较低的频率与电压，压缩机转速变慢，降低制冷量。

三、 变频空调器的分类

变频空调器根据压缩机工作原理和室内外风机的供电状况可分为 3 种类型，即交流变频空调器、直流变频空调器和全直流变频空调器。

1. 交流变频空调器

交流变频空调器见图 5-19，是最早的变频空调器，也是市场上目前拥有量最大的类型，现在通常已经进入维修期，也是本书重点介绍的机型。

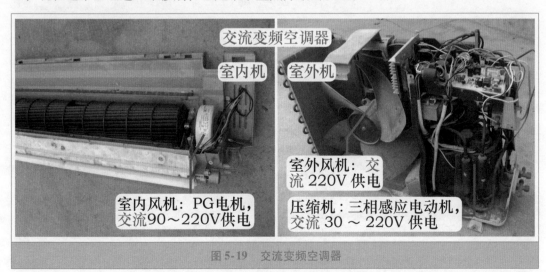

图 5-19 交流变频空调器

室内风机和室外风机与普通定频空调器上相同，均为交流异步电动机，由市电交流220V直接起动运行。只是压缩机转速可以变化，其供电为模块提供的模拟三相交流电。

制冷剂通常使用与普通定频空调器相同的R22，一般使用常见的毛细管作节流元件。

2. 直流变频空调器

直流变频空调器是在交流变频空调器基础上发展而来的，见图5-20，与之不同的是，压缩机采用无刷直流电动机，整机的控制原理与交流变频空调器基本相同，只是在室外机电路板上增加了位置检测电路。

室内风机和室外风机与普通定频空调器上相同，均为交流异步电动机，由市电交流220V直接起动运行。

制冷剂早期机型使用R22，目前生产的机型多使用新型环保制冷剂R410A，节流器件同样使用常见且价格低廉但性能稳定的毛细管。

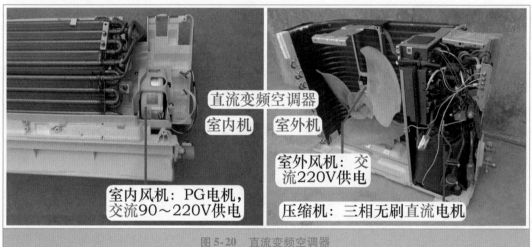

图5-20　直流变频空调器

3. 全直流变频空调器

全直流变频空调器属于目前的高档空调器，见图5-21，是在直流变频空调器基础上

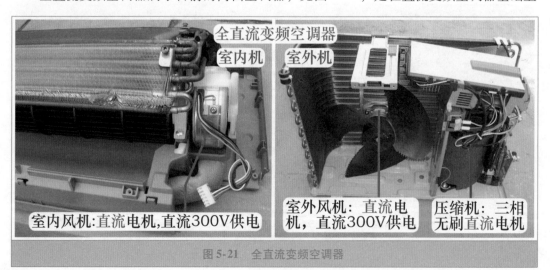

图5-21　全直流变频空调器

发展而来，与之相比最主要的区别是，室内风机和室外风机的供电为直流 300V 电压，而不是交流 220V。

制冷剂通常使用新型环保制冷剂 R410A，节流元件也大多使用毛细管，只有少数品牌的机型使用电子膨胀阀，或电子膨胀阀与毛细管相结合的方式。

四、 交流变频与直流变频空调器的相同和不同之处

1. 相同之处

1）制冷系统：定频空调器、交流变频空调器和直流变频空调器的工作原理基本相同，区别是压缩机工作原理与内部结构不同。

2）电控系统：交流变频空调器与直流变频空调器的控制原理、单元电路和硬件基本相同，区别是室外机 CPU 对模块的控制原理不同（即脉冲宽度调制方式 PWM 或脉冲幅度调制方式 PAM），但控制程序内置在室外机 CPU 或存储器之中，看不到。

2. 整机不同之处

1）压缩机：交流变频空调器使用三相感应式电机，直流变频空调器使用无刷直流电机，两者的内部结构不同。

2）模块输出电压：交流变频空调器模块输出频率与电压均可调的模拟三相交流电，频率与电压越高，转速就越快。直流变频空调器的模块输出断续、极性不断改变的直流电，在任何时候，只有两相绕组有电流通过（余下绕组的感应电压当作位置检测信号），电压越高，转速就越快。

3）位置检测电路：直流变频空调器设有压缩机转子位置检测电路，交流变频空调器则没有。

第三节 主要元器件

主要元器件是变频空调器电控系统比较重要的电气元件，并且在定频空调器电控系统中没有使用，工作部位通常在大电流状态，比较容易损坏。将主要元器件集结为一节，对其作用、实物外形和测量方法等做简单说明。

一、 直流电机

直流电机应用在全直流变频空调器的室内风机和室外风机，作用与安装位置和普通定频空调器室内机的 PG 电机、室外机的室外风机相同。

1. 作用

室内直流电机带动室内风扇（贯流风扇）运行，安装位置和实物外形见图 5-22，制冷时将蒸发器产生的冷量输送到室内，从而降低房间温度。

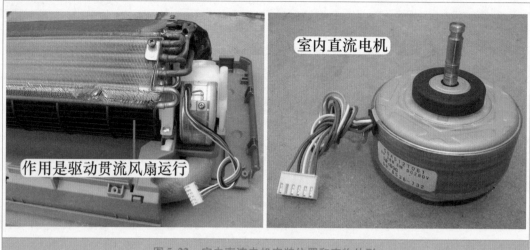

图 5-22　室内直流电机安装位置和实物外形

室外直流电机带动室外风扇（轴流风扇）运行，安装位置和实物外形见图 5-23，制冷时将冷凝器产生的热量排放到室外，吸入自然空气为冷凝器降温。

图 5-23　室外直流电机安装位置和实物外形

2. 引线作用和工作原理

（1）引线作用

室内直流电机和室外直流电机的工作原理相同，均使用直流无刷电机，因此插头外观和引线数量及作用均相同。

直流电机铭牌和插头见图 5-24，插头共有 5 根引线：①号红线为直流 300V 电压正极，②号黑线为直流电压负极即地线，③号白线为直流 15V 电压正极，④号黄线为驱动控制引线，⑤号蓝线为转速反馈引线。

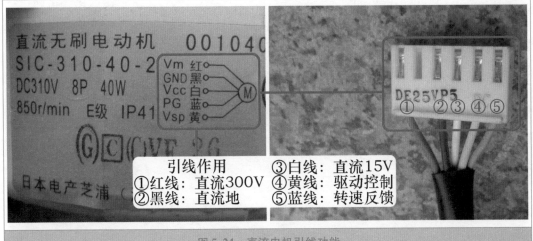

图5-24　直流电机引线功能

（2）内部结构

直流电机内部结构见图5-25左图，主要由转子、定子、上盖和控制电路板组成。与普通交流电机相比，最主要的区别是内置控制电路板，同时转子带有较强的磁性。

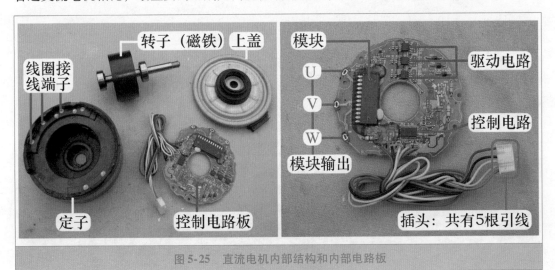

图5-25　直流电机内部结构和内部电路板

（3）工作原理

直流电机工作原理与直流变频压缩机基本相同，只不过将变频模块和控制电路封装在电机内部组成一块电路板，实物外形见图5-25右图，变频模块供电电压为直流300V，控制电路供电电压为直流15V，均由主板提供。

主板CPU输出含有转速信号的驱动电压，经光耦合器耦合由④号黄线送入直流电机内部控制电路，处理后驱动变频模块，将直流300V电转换为绕组所需的电压，直流电机开始运行，从而带动贯流风扇或轴流风扇旋转运行。

直流电机运行时⑤号蓝线输出转速反馈信号，经光耦合器耦合后送至主板CPU，主板CPU适时监测直流电机的转速，与内部存储的目标转速相比较，如果转速高于或低于目标值，主板 CPU 调整输出的脉冲电压值，经④号黄线送至直流电机内部控制电路，控制电路处理后驱动模块，改变直流电机绕组的电压，转速随之改变，使直流电机的实际转速与目标转速保持一致。

➡ 说明：直流电机输入的直流 300V 的电压，室内直流电机由交流 220V 整流滤波后直接提供，实际电压值一般恒为直流 300V；室外直流电机则取至模块的 P、N 端子，实际电压值则随压缩机转速变化而变化，压缩机低频运行时电压高，高频运行时电压低，电压范围通常在直流 240～300V 之间。

二、 PTC 电阻

1. 作用

PTC 电阻为正温度系数的热敏电阻，阻值随温度上升而变大，其与室外机主控继电器触点并联。室外机初次通电时，主控继电器线圈因无工作电压，触点断开，交流 220V 电压通过 PTC 电阻对滤波电容充电，PTC 电阻通过电流时由于温度上升阻值也逐渐变大，从而限制充电电流，防止由于电流过大造成硅桥损坏等故障，在室外机供电正常后，CPU 控制主控继电器触点闭合，PTC 电阻便不起作用。

2. 实物外形和安装位置

PTC 电阻见图 5-26，外形为黑色的长方体，主要由外壳、顶盖、两个接线端子、PTC 元件和绝缘垫片等组成。

目前的 PTC 电阻焊接在室外机主板主控继电器附近，引脚与继电器触点并联；早期的 PTC 电阻安装在室外机电控盒内，通过端子引线与主控继电器触点并联。

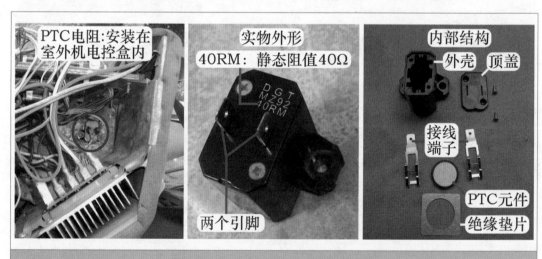

图 5-26　PTC 电阻实物外形和安装位置

3. 测量方法

PTC 电阻使用型号通常为 25℃/47Ω，常温下测量阻值为 50Ω 左右，表面温度较高时测量阻值为无穷大。其常见故障为开路，即常温下测量阻值为无穷大。

由于 PTC 电阻的两个引脚与室外机主控继电器端子的两个触点并联，见图 5-27，使用万用表电阻档测量继电器的两个端子就相当于测量 PTC 电阻的两个引脚。

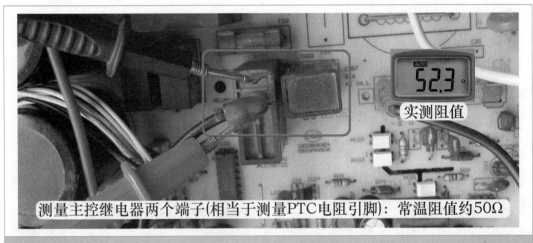

实测阻值

测量主控继电器两个端子(相当于测量PTC电阻引脚):常温阻值约50Ω

图5-27 测量PTC电阻阻值

三、 硅桥

1. 作用与常用型号

硅桥实际上是由内部4个大功率整流二极管组成的桥式整流电路,将交流220V电压整流成为直流300V电压。

常用型号为S25VB60,25含义为最大正向整流电流25A,60含义为最高反向工作电压600V。

2. 安装位置

安装位置见图5-28,硅桥工作时需要通过较大的电流,功率较大且有一定的热量,因此与模块一起固定在大面积的散热片上。

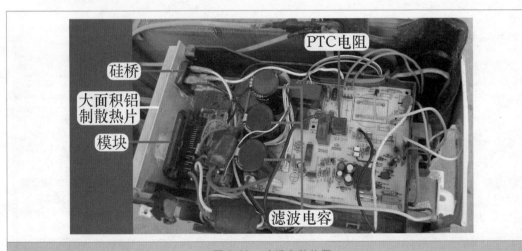

PTC电阻

硅桥

大面积铝
制散热片

模块

滤波电容

图5-28 硅桥安装位置

目前变频空调器电控系统还有一种设计方式,见图5-29,就是将硅桥和PFC电路集成在一起,组成PFC模块,和驱动压缩机的变频模块设计在一块电路板上,因此在此类空调器中，找不到普通意义上的硅桥。

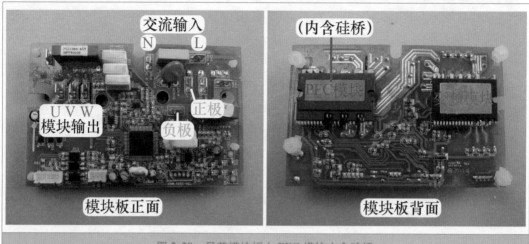

图 5-29　目前模块板上 PFC 模块内含硅桥

3. 引脚作用

硅桥共有 4 个引脚，分别为两个交流输入端和两个直流输出端。两个交流输入端接交流 220V，使用时没有极性之分。两个直流输出端中的正极经滤波电感接滤波电容正极，负极直接与滤波电容负极连接。

4. 分类与引脚辨认方法

根据外观分类常见有两种：方形和扁形，实物外形见图 5-30。

方形：其中的一角有豁口，对应引脚为直流正极，对角线引脚为直流负极，其他两个引脚为交流输入端（使用时不分极性）。

扁形：其中一侧有一个豁口，对应引脚为直流正极，中间两个引脚为交流输入端，最后一个引脚为直流负极。

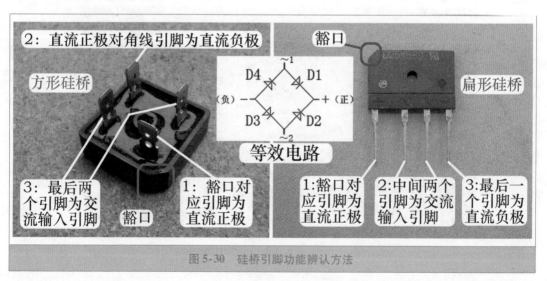

图 5-30　硅桥引脚功能辨认方法

5. 测量方法

由于内部为 4 个大功率的整流二极管，因此测量时应使用万用表二极管档。

（1）测量正、负端子

测量过程见图 5-31，相当于测量串联的 D1 和 D4（或串联的 D2 和 D3）。

红表笔接正，黑表笔接负，为反向测量，结果为无穷大；红表笔接负，黑表笔接正，为正向测量，结果为 823mV。

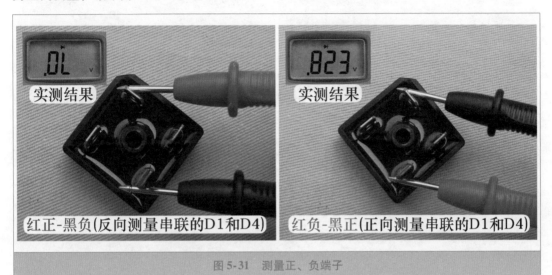

图 5-31　测量正、负端子

（2）测量正、两个交流输入端

测量过程见图 5-32，相当于测量 D1、D2。

红表笔接正，黑表笔接交流输入端，为反向测量，两次结果相同，应均为无穷大；红表笔接交流输入端，黑表笔接正，为正向测量，两次结果应相同，均为 452mV。

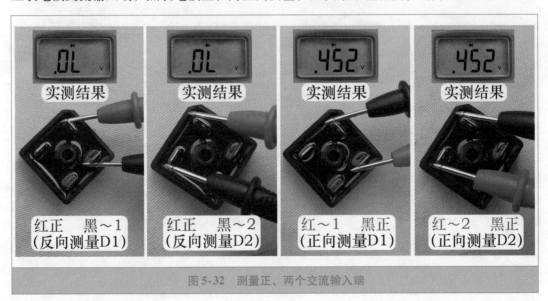

图 5-32　测量正、两个交流输入端

（3）测量负、两个交流输入端

测量过程见图 5-33，相当于测量 D3、D4。

红表笔接负，黑表笔接交流输入端，为正向测量，两次结果相同，均为 452mV；红表笔接交流输入端，黑表笔接负，为反向测量，两次结果相同，均为无穷大。

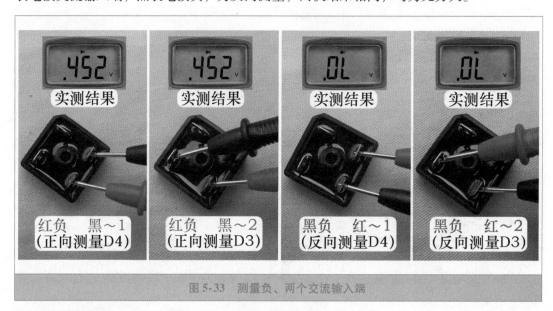

图 5-33　测量负、两个交流输入端

（4）测量交流输入端~1、~2

测量过程见图 5-34，相当于测量反向串联 D1 和 D2（或 D3 和 D4），由于为反向串联，因此正反向测量结果应均为无穷大。

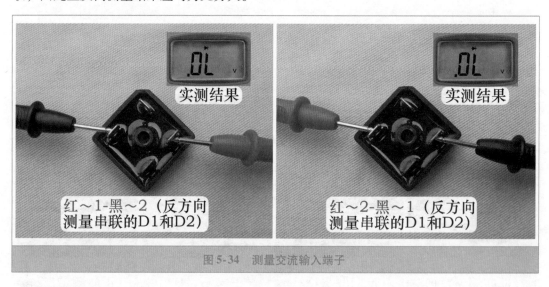

图 5-34　测量交流输入端子

6. 测量说明

1）测量时应将 4 个端子引线全部拔下。

2）上述测量方法使用数字万用表。如果使用指针万用表，选择 R×1kΩ 档，测量时红、黑表笔所接端子与上述方法相反，得出的规律才会一致。

3）不同的硅桥、不同的万用表正向测量时，得出结果的数值会不相同，但一定要符合内部 4 个整流二极管连接特点所构成的规律。

4）同一硅桥同一万用表正向测量内部二极管时，结果数值应相同（如本次测量为452mV），测量硅桥时不要死记得出的数值，要掌握规律。

5）硅桥常见故障为内部 4 个二极管全部击穿或某个二极管击穿，开路损坏的比例相对较少。

四、 滤波电感

根据电感线圈"通直流、隔交流"的特性，阻止由硅桥整流后直流电压中含有的交流成分通过，使输送至滤波电容的直流电压更加平滑、纯净。

1. 安装位置

滤波电感通电时会产生电磁频率，且自身较重容易产生噪声，为防止对主板控制电路产生干扰，见图 5-35 左图，通常将滤波电感设计在室外机底座上面。

2. 实物外形

见图 5-35 右图，将较粗的电感线圈按规律绕制在铁心上，即组成滤波电感，只有两个接线端子，没有正反之分。

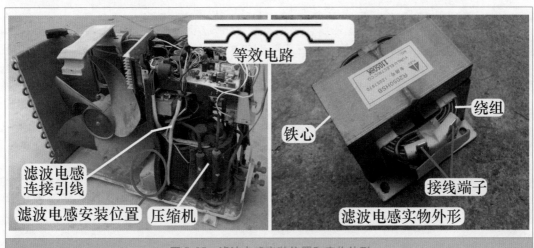

图 5-35　滤波电感安装位置和实物外形

3. 测量方法

测量时使用万用表电阻档，见图 5-36 左图，直接测量滤波电感的两个接线端子，正常阻值约 1Ω。

但滤波电感位于室外机底部，且外部有铁壳包裹，直接测量其接线端子不是很方便，实际检修时可以测量两个连接引线的插头阻值，见图 5-36 右图，由于引线较粗，实测阻值应和直接测量相同即约为 1Ω；如果实测阻值为无穷大，说明连接引线或滤波电感开路，应主要检查滤波电感上引线插头是否损坏。

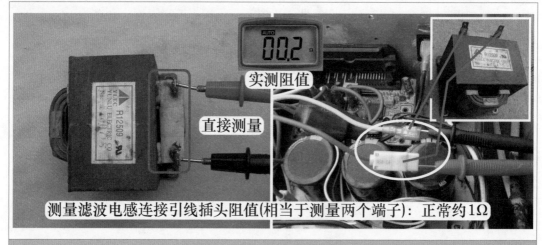

实测阻值

直接测量

测量滤波电感连接引线插头阻值(相当于测量两个端子)：正常约1Ω

图5-36 测量滤波电感阻值

4. 常见故障

1）滤波电感安装在室外机底部，在制热模式下化霜过程中产生的化霜水将其浸泡，一段时间之后（安装5年左右），引起绝缘阻值下降，通常低于2MΩ时，会出现空调器通上电源之后，断路器（俗称空气开关）跳闸的故障。

2）由于绕制滤波电感绕组的线径较粗，很少有开路损坏的故障，而其工作时通过的电流较大，接线端子处容易产生热量，出现将连接引线烧断引起室外机无供电的故障。

3）滤波电感如果铁心与线圈松动，在压缩机工作时会产生比较刺耳的噪声，有些故障表现为压缩机低频运行时噪声小，压缩机高频运行时噪声大，容易误判为压缩机故障，在维修时需要注意判断。

五、 滤波电容

1. 作用和引脚功能

滤波电容实际为容量较大（约 2000μF）、耐压较高（约直流 400V）的电解电容。根据电容"通交流、隔直流"的特性，对滤波电感输送的直流电压再次滤波，将其中含有的交流成分直接入地，使供给模块 P、N 端的直流电压平滑、纯净，不含交流成分。

电容共有两个引脚，正极和负极。正极接模块 P 端子，负极接模块 N 端子，负极引脚对应有"□"状标志。

2. 分类

按电容个数分类，有两种型式：即单个电容或几个电容并联组成。

单个电容：见图5-37右图，由 1 个耐压 400V、容量 2500μF 左右的电解电容，对直流电压滤波后为模块供电，常见于早期生产的变频空调器，电控盒内设有专用安装位置。

多个电容并联：见图5-37左图，由 2～4 个耐压 400V、容量 560μF 左右的电解电容并联组成，对直流电压滤波后为模块供电，总容量为单个电容标注容量相加。常见于目前生产的变频空调器，直接焊在室外机主板上。

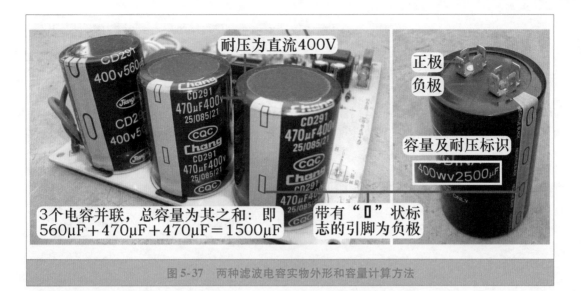

耐压为直流400V

正极

负极

容量及耐压标识

400wv2500μF

3个电容并联，总容量为其之和：即
560μF＋470μF＋470μF＝1500μF

带有"□"状标
志的引脚为负极

图 5-37　两种滤波电容实物外形和容量计算方法

3. 测量方法

由于电容容量较大，使用万用表检测难以准确判断，通常直接代换试机。常见故障为容量减少引发屡烧模块故障，在实际维修中损坏比例较小。

需要注意的是，由于滤波电容容量较大，不能像检测定频空调器的压缩机电容一样，直接短路其两个引脚，否则将会出现很大的放电声音，甚至能将螺钉旋具杆打出一个豁口。

4. 注意事项

滤波电容正极连接模块 P 端子，负极连接 N 端子，引线不能接错。引线接反时，如滤波电容内存有直流 300V 电压，将直接加在模块内部与 IGBT 开关管并联的续流二极管两端，瞬间将模块炸裂。

如滤波电容未存有电压，不会损坏模块，但滤波电容正极经模块内部的续流二极管接滤波电容的负极，相当于直流 300V 电压短路，在室外机上电时，PTC 电阻由于后级短路电流过大，使得阻值变为无穷大，室外机无工作电源，室内机由于检测不到室外机发送的通信信号，2min 后断开室外机供电，报"通信故障"的故障代码。

六、　变频压缩机

1. 作用

变频压缩机实物外形和铭牌标识见图 5-38，是制冷系统的心脏，通过电机运行带动压缩机部分工作，使制冷剂在制冷系统保持流动和循环。

变频压缩机由三相感应电机和压缩系统两部分组成，模块输出频率与电压均可调的模拟三相交流电为三相感应电机供电，电机带动压缩系统工作。

模块输出电压变化时电机转速也随之变化，转速变化范围为 1500～9000r/min，压缩系统的输出功率（即制冷量）也发生变化，从而达到在运行时调节制冷量的目的。

图 5-38　变频压缩机实物外形和铭牌

2. 引线作用

无论是交流变频压缩机或直流变频压缩机，均有 3 个接线端子，见图 5-39，标号分别为 U、V、W，和模块上的 U、V、W3 个接线端子对应连接。

交流变频空调器在更换模块或压缩机时，如果 U、V、W 接线端子由于不注意插反导致不对应，压缩机则有可能反方向运行，引起不制冷故障，调整方法和定频空调器三相涡旋式压缩机相同，即对调任意两根引线的位置。

直流变频空调器如果 U、V、W 接线端子不对应，压缩机起动后室外机 CPU 检测转子位置错误，报出"压缩机位置保护"或"直流压缩机失步"的故障代码。

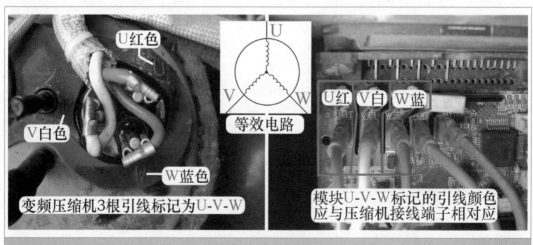

图 5-39　变频压缩机引线

3. 分类

根据工作方式主要分为直流变频压缩机和交流变频压缩机。

➡ 直流变频压缩机：使用无刷直流电机，工作电压为连续但极性不断改变的直流电。

➡ 交流变频压缩机：使用三相感应电机，工作电压为交流 30 ~ 220V，频率为 15 ~ 120Hz，转速为 1500 ~ 9000r/min。

4. 测量方法

使用万用表电阻档，测量 3 个接线端子之间阻值，见图 5-40，U-V、U-W、V-W 阻值相等，即 $R_{UV} = R_{UW} = R_{VW}$，阻值约 1.5Ω。

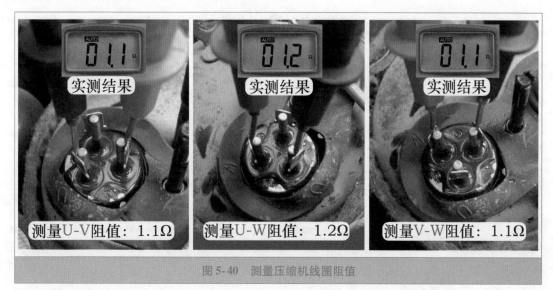

实测结果

实测结果

实测结果

测量U-V阻值：1.1Ω

测量U-W阻值：1.2Ω

测量V-W阻值：1.1Ω

图 5-40　测量压缩机线圈阻值

5. 常见故障

实际维修中变频空调器压缩机和定频空调器压缩机相比，故障率较低，原因为变频空调器室外机电控系统保护电路比较完善，故障主要是压缩机起动不起来（卡缸）或线圈对地短路等。

第四节　智能功率模块（IPM）

模块是变频空调器电控系统中最重要器件之一，也是故障率较高的一个器件，属于电控系统主要器件之一，由于知识点较多，因此单设一节进行详细说明。

一、基础知识

1. 作用

模块可以简单地看作是电压转换器。室外机主板 CPU 输出的 6 路信号，经模块内部驱动电路放大后控制 IGBT 开关管的导通与截止，将直流 300V 电压转换成与频率成正比的模拟三相交流电（交流 30 ~ 220V、频率 15 ~ 120Hz），驱动压缩机运行。

三相交流电压越高，压缩机转速与输出功率（即制冷效果）也越高；反之，三相交流电压越低，压缩机转速与输出功率（即制冷效果）也就越低。三相交流电压的高低由室外机 CPU 输出的 6 路信号决定。

2. 模块实物外形

严格意义的模块见图 5-41，是一种智能功率模块，其将 IGBT 连同驱动电路和多种保护电路封装在同一模块内，从而简化了设计，提高了稳定性。

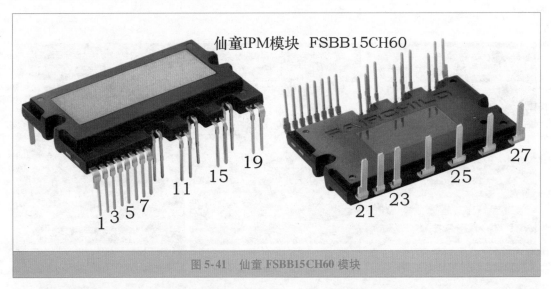

仙童IPM模块　FSBB15CH60

图 5-41　仙童 FSBB15CH60 模块

模块只有固定在外围电路的控制基板上，才能组成模块板组件。本书所称的"模块"，见图 5-42，就是由模块和控制基板组合的模块板组件。

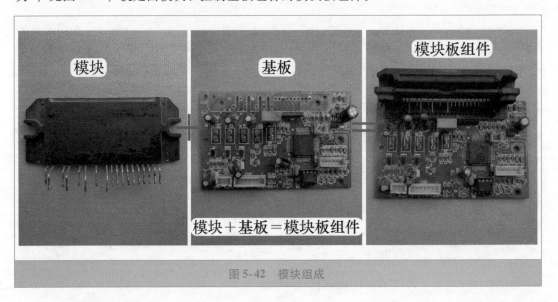

模块　基板　模块板组件

模块＋基板＝模块板组件

图 5-42　模块组成

3. 固定位置

由于模块工作时产生很高的热量，因此设有面积较大的铝制散热片，并固定在上面，中间有绝缘垫片或导热硅脂，设计在室外机电控盒里侧，见图 5-43，室外风扇（轴流风扇）运行时带走铝制散热片表面的热量，间接为模块散热。

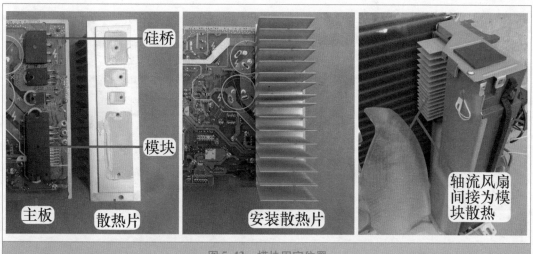

图 5-43　模块固定位置

二、　模块输入与输出电路

图 5-44 为模块输入与输出电路的框图，图 5-45 为实物图。

➡ 说明：直流 300V 供电回路中，在实物图上未显示 PTC 电阻、室外机主控继电器和滤波电感等几个元器件。

1. 输入部分

1）P、N：由滤波电容提供直流 300V 电压，为模块内部 IGBT 开关管供电，其中 P 外接滤波电容正极，内接上桥 3 个 IGBT 开关管的集电极；N 外接滤波电容负极，内接下桥 3 个 IGBT 开关管的发射极。

2）15V：由开关电源电路提供，为模块内部控制电路供电。

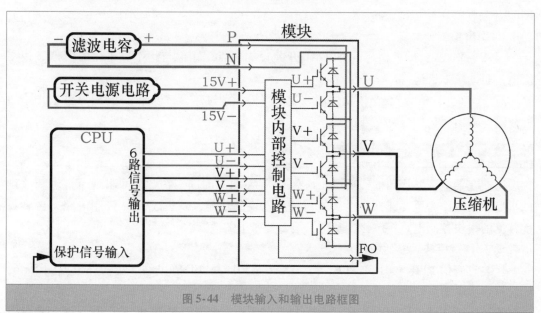

图 5-44　模块输入和输出电路框图

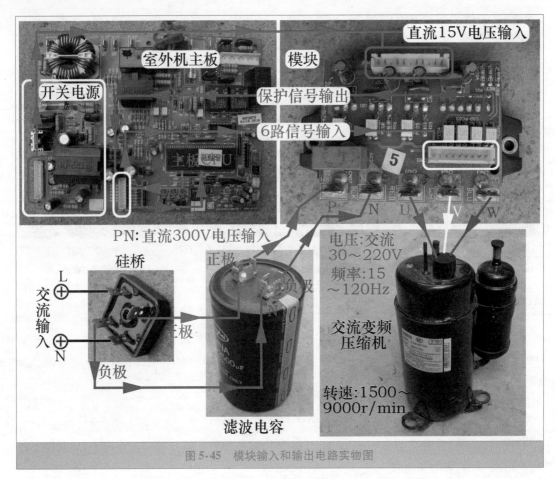

图 5-45　模块输入和输出电路实物图

3）6 路信号：由室外机 CPU 提供，经模块内部控制电路放大后，按顺序驱动 6 个 IGBT 开关管的导通与截止。

2. 输出部分

1）U、V、W：即上桥与下桥 IGBT 开关管的中点，输出与频率成正比的模拟三相交流电，驱动压缩机运行。

2）FO（保护信号）：当模块内部控制电路检测到过热、过电流、短路、15V 电压低 4 种故障，输出保护信号至室外机 CPU。

三、　常见模块形式与特点

国产变频空调器从问世到现在大约有 15 年左右的时间，在此期间出现了许多新改进的机型。模块作为重要部件，也从最初只有模块的功能，到集成 CPU 控制电路，再到目前常见的模块控制电路一体化，经历了很多技术上的改变。

1. 只具有模块功能的模块

代表有海信 KFR-4001GW/BP、海信 KFR-3501GW/BP 等机型，实物外形见图 5-46，此类模块多见于早期的交流变频空调器。

使用光耦合器传递 6 路信号，直流 15V 电压由室外机主板提供（分为单路 15V 供电和 4 路 15V 供电两种）。

模块常见型号为三菱 PM20CTM060，可以称其为第二代模块，最大负载电流为 20A，最高工作电压为 600V，铝制散热片，目前已经停止生产。

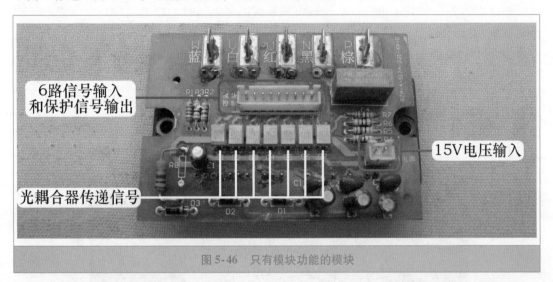

图 5-46　只有模块功能的模块

2. 带开关电源电路的模块

代表有海信 KFR-2601GW/BP、美的 KFR-26GW/BPY-R 等机型，实物外形见图 5-47，此类模块多见于早期的交流变频空调器，在只有模块功能的模块板基础上改进而来。

模块板增加开关电源电路，二次绕组输出 4 路直流 15V 和 1 路直流 12V 两种电压，直流 15V 电压直接供给模块内部控制电路，直流 12V 电压输出至室外机主板 7805 稳压块的①脚输入端，为室外机主板提供 5V 电压，室外机主板则不再设计开关电源电路。

模块常见型号同样为三菱 PM20CTM060，由于此类模块停止生产，而市场上还存在大量使用此类模块的变频空调器，为供应配件，目前有改进的模块作为配件出现，使用东芝或三洋的模块，东芝型号为 IPMPIG20J503L。

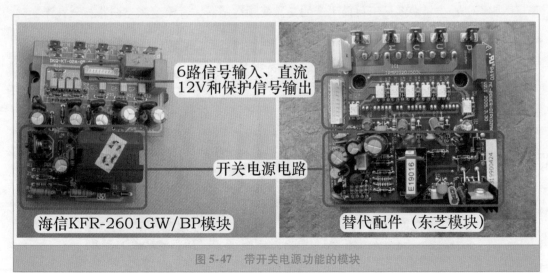

图 5-47　带开关电源功能的模块

3. 集成 CPU 控制电路的模块

代表有海信 KFR-26GW/18BP 等机型，实物外形见图 5-48，此类模块多见于目前生产的交流变频空调器或直流变频空调器。

模块板集成 CPU 控制电路，室外机电控系统的弱电信号控制电路均在模块板上处理运行。室外机主板只是提供模块板所必需的直流 15V（模块内部控制电路供电）、5V（室外机 CPU 和弱电信号电路供电）电压，及传递通信信号、驱动继电器等功能。

模块生产厂家有三菱、三洋、仙童（也译作飞兆）等，可以称其为第三代模块。与使用三菱 PM20CTM060 系列模块相比，有着本质区别。一是 6 路信号为直接驱动，中间不再需要光耦合器，这也为集成 CPU 提供了必要的条件；二是成本较低，通常为非铝制散热片；三是模块内部控制电路使用单电源直流 15V 供电；四是内部可以集成电流检测元件，与外围元件电路即可组成电流检测电路。

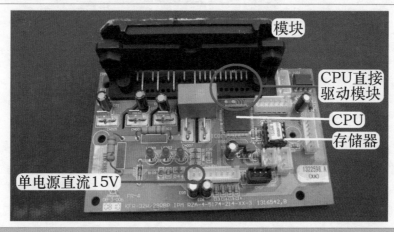

图 5-48　集成 CPU 控制功能的模块

4. 控制电路一体化的模块

代表有格力 KFR-35GW/（32556）FNDe-3、三菱重工 KFR-35GW/AIBP 等机型，实物外形见图 5-49，此类模块多见于目前生产的交流变频空调器、直流变频空调器与全直流变频

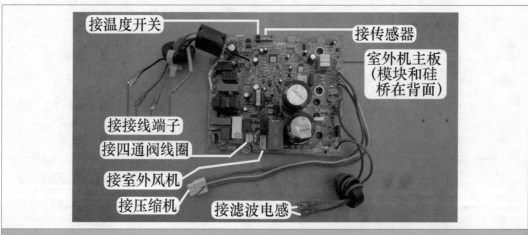

图 5-49　控制电路和模块一体化的模块

空调器，也是目前比较常见的一种类型，在集成 CPU 控制电路模块的基础上改进而来。

模块、室外机 CPU 控制电路、弱电信号处理电路、开关电源电路、滤波电容、硅桥、通信电路、PFC 电路和继电器驱动电路等，也就是说室外机电控系统所有电路均集成在一块电路板上，只需配上传感器、滤波电感等少量外围部件即可以组成室外机电控系统。

模块生产厂家有三菱、三洋、仙童等，可以称其为第四代模块，是目前最常见的控制类型，由于所有电路均集成在一块电路板上，因此在出现故障后维修时也是最简单的一类空调器。

四、 模块测量方法

无论任何类型的模块使用万用表测量时，内部控制电路工作是否正常均不能做判断，只能对内部 6 个 IGBT 开关管做简单的检测。

从图 5-50 所示的模块内部 IGBT 开关管框简图可知，万用表显示值实际为 IGBT 开关管并联 6 个续流二极管的测量结果，因此应选择二极管档，且 P、N、U、V、W 端子之间应符合二极管的特性，测量端子实物外形见图 5-51。

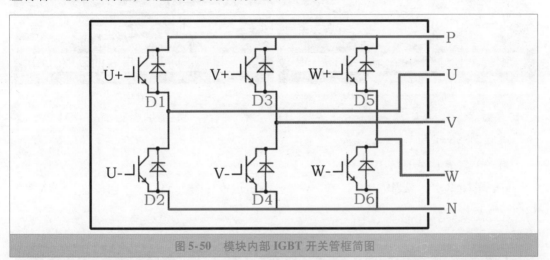

图 5-50　模块内部 IGBT 开关管框简图

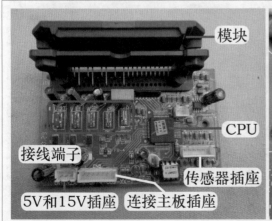
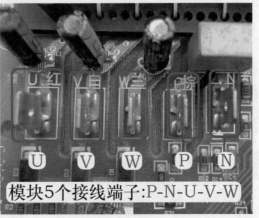

图 5-51　模块接线端子标识

（1）测量 P、N 端子

测量过程见图 5-52，相当于 D1 和 D2（或 D3 和 D4、D5 和 D6）串联。

红表笔接 P 端、黑表笔接 N 端，为反向测量，结果为无穷大；红表笔接 N 端、黑表笔接 P 端，为正向测量，结果为 789mV。

如果正反向测量结果均为无穷大，为模块 P、N 端子开路；如果正反向测量结果均接近 0mV，为模块 P、N 端子短路。

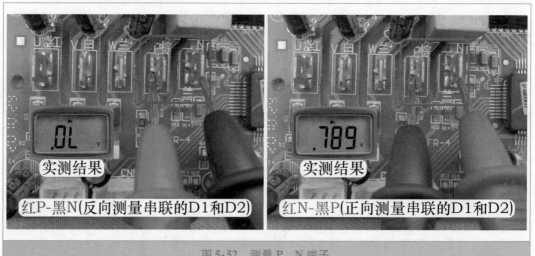

图 5-52　测量 P、N 端子

（2）测量 P 与 U、V、W 端子

相当于测量 D1、D3、D5。

红表笔接 P 端，黑表笔接 U、V、W 端，测量过程见图 5-53，为反向测量，三次结果相同，应均为无穷大。

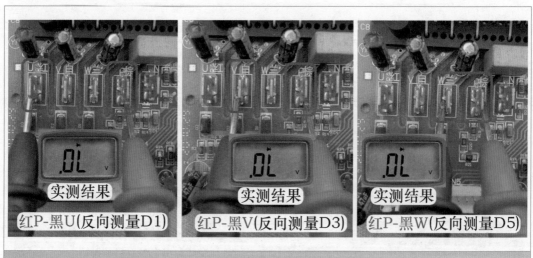

图 5-53　测量 P 端与 U、V、W 端子

红表笔接 U、V、W 端，黑表笔接 P 端，测量过程见图 5-54；为正向测量，三次结果相同，应均为 431mV。

如果反向测量或正向测量时 P 端与 U、V、W 端结果接近 0mV，则说明模块 PU、PV、PW 结击穿。实际损坏时有可能是 PU、PV 结正常，只有 PW 结击穿。

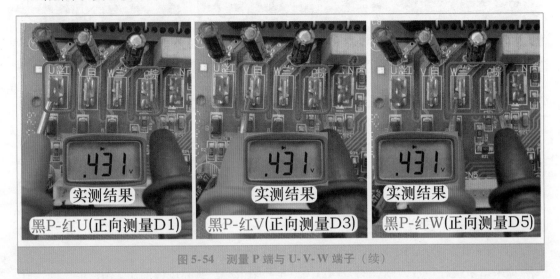

图 5-54　测量 P 端与 U- V- W 端子（续）

（3）测量 N 端与 U、V、W 端子

相当于测量 D2、D4、D6。

红表笔接 U、V、W 端，黑表笔接 N 端，测量过程见图 5-55，为反向测量，三次结果相同，应均为无穷大。

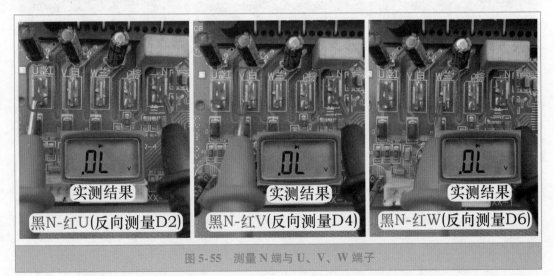

图 5-55　测量 N 端与 U、V、W 端子

红表笔接 N 端，黑表笔接 U、V、W 端，测量过程见图 5-56，为正向测量，三次结果相同，应均为 431mV。

如果反向测量或正向测量时，N 端与 U、V、W 端结果接近 0mV，则说明模块 NU、NV、NW 结击穿。实际损坏时有可能是 NU、NW 结正常，只有 NV 结击穿。

实测结果　红N-黑U(正向测量D2)　实测结果　红N-黑V(正向测量D4)　实测结果　红N-黑W(正向测量D6)

图 5-56　测量 N 端与 U、V、W 端子（续）

（4）测量 U、V、W 端子

测量过程见图 5-57，由于模块内部无任何连接，U、V、W 端子之间无论正反向测量，结果相同应均为无穷大。

如果结果接近 0mV，则说明 UV、UW、VW 结击穿。实际维修时 U、V、W 之间击穿损坏比例较少。

实测结果　测量U-V端子：无穷大　实测结果　测量U-W端子：无穷大　实测结果　测量V-W端子：无穷大

图 5-57　测量 U、V、W 端子

五、　测量说明

1）测量时应将模块上 P、N 端子滤波电容供电，U、V、W 压缩机线圈共 5 个端子的引线全部拔下。如测量目前室外机电控系统中模块一体化的主板，通常未设单独的 P、N、U、V、W，则测量模块时需要断开空调器电源，并将滤波电容放电至直流 0V，其正极相当于 P 端子，负极相当于 N 端子，再拔下压缩机线圈的对接插头，3 根引线为 U-V-W 端子。

2）上述测量方法使用数字万用表。如果使用指针万用表，选择 R×1kΩ 档，测量时红、黑表笔所接端子与上述方法相反，得出的规律才会一致。

3）不同的模块、不同的万用表正向测量时得出结果数值会不相同，但一定要符合内部 6 个续流二极管连接特点所组成的规律。同一模块同一万用表正向测量 P 端与 U、V、W 端或 N 端与 U、V、W 端时，结果数值应相同（如本次测量为 431mV）。

4）P、N 端子正向测量得出的结果数值应大于 P 端与 U、V、W 或 N 端与 U、V、W 得出的数值。

5）测量模块时不要死记得出的数值，要掌握规律。

6）模块常见故障为 PN、PU（或 PV、PW）、NU（或 NV、NW）击穿，其中 PN 端子击穿的比例最高。

7）纯粹的模块为一体化封装，如内部 IGBT 开关管损坏，维修时只能更换整个模块板组件。

8）模块与控制基板（电路板）焊接在一起，如模块内部损坏，或电路板上某个元器件损坏但检查不出来，维修时也只能更换整个模块板组件。

第六章

变频空调器室内机电路

本章以海信 KFR-26GW/11BP 室内机为基础，介绍变频空调器室内机系统组成和单元电路作用，及通信电路。如本章中无特别注明，所有空调器型号均默认为海信 KFR-26GW/11BP。

第一节　基础知识

本节介绍海信 KFR-26GW/11BP 室内机电控系统硬件组成和实物外形，并将主板插座、主板外围元器件、主板电子元器件标上代号，使电路原理图、实物外形一一对应，将理论和实际结合在一起。

一、室内机电控系统组成

图 6-1 为室内机电控系统电气接线图，图 6-2 为实物图（不含端子板）。从图 6-2 中可以看出，室内机电控系统由主板（控制基板）、室内管温传感器（蒸发器温度传感器）、显示板组件（显示基板组件）、PG 电机（室内电机）、步进电机（风门电机）和端子板等组成。

图 6-3 为室内机主板电路原理图。

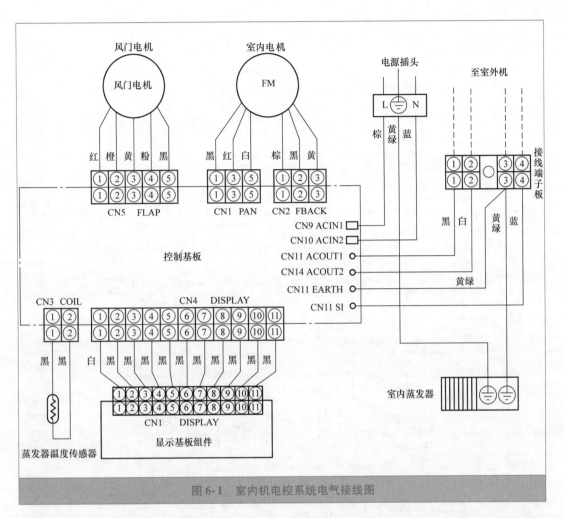

图 6-1 室内机电控系统电气接线图

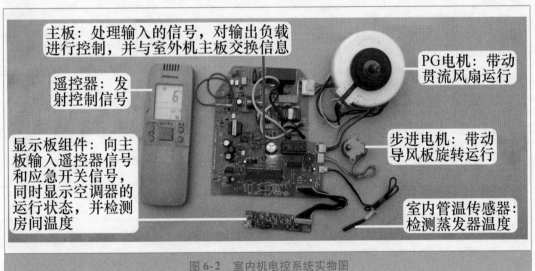

图 6-2 室内机电控系统实物图

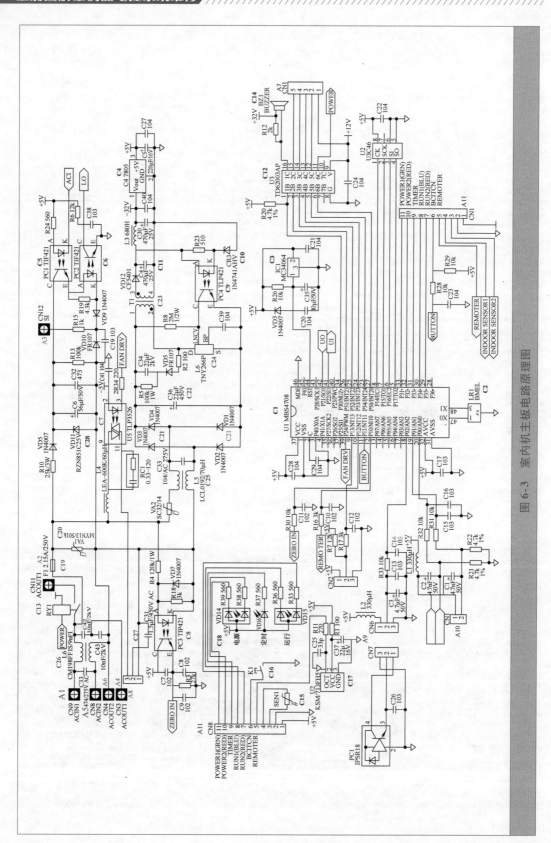

图 6-3 室内机主板电路原理图

二、 室内机单元电路中的主要电子元器件

表6-1为室内机主板主要电子元器件明细，图6-4为室内机主板主要电子元器件。

表6-1 室内机主板主要电子元器件明细

标号	元器件	标号	元器件	标号	元器件	标号	元器件
C1	CPU	C8	过零检测光耦合器	C15	环温传感器	C22	300V 滤波电容
C2	晶振	C9	稳压光耦合器	C16	应急开关	C23	开关变压器
C3	复位集成电路	C10	11V 稳压管	C17	接收器	C24	开关电源集成电路
C4	7805 稳压块	C11	12V 滤波电容	C18	发光二极管	C25	扼流圈
C5	发送光耦合器	C12	反相驱动器	C19	熔丝管	C26	滤波电感
C6	接收光耦合器	C13	主控继电器	C20	压敏电阻	C27	风机电容
C7	光耦合器晶闸管	C14	蜂鸣器	C21	整流二极管	C28	24V 稳压管

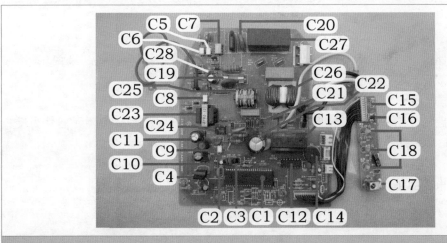

图6-4 室内机主板主要电子元器件

1. 电源电路

电源电路的作用是向主板提供直流 12V 和 5V 电压，由熔丝管（C19）、压敏电阻（C20）、滤波电感（C26）、整流二极管（C21）、直流 300V 滤波电容（C22）、开关电源集成电路（C24）、开关变压器（C23）、稳压光耦合器（C9）、11V 稳压管（C10）、12V 滤波电容（C11）、7805 稳压块（C4）等元器件组成。

交流滤波电路中使用扼流圈（C25）用来滤除电网中的杂波干扰。

2. CPU 和其三要素电路

CPU（C1）是室内机电控系统的控制中心，处理输入部分电路的信号，对负载进行控制；CPU 三要素电路是 CPU 正常工作的前提，由复位集成电路（C3）、晶振（C2）等元器件组成。

3. 通信电路

通信电路的作用是和室外机 CPU 交换信息，主要器件为接收光耦合器（C6）和发送

光耦合器（C5）。

4. 应急开关电路

应急开关电路的作用是在无遥控器时用其可以开启或关闭空调器，主要器件为应急开关（C16）。

5. 接收器电路

接收器电路的作用是接收遥控器发射的信号，主要器件为接收器（C17）。

6. 传感器电路

传感器电路的作用是向 CPU 提供温度信号。室内环温传感器（C15）提供房间温度信号，室内管温传感器提供蒸发器温度信号，5V 供电电路中使用了电感。

7. 过零检测电路

过零检测电路的作用是向 CPU 提供交流电源的零点信号，主要元器件为过零检测光耦合器（C8）。

8. 霍尔反馈电路

霍尔反馈电路的作用是向 CPU 提供转速信号，PG 电机输出的霍尔反馈信号直接送至 CPU 引脚。

9. 指示灯电路

指示灯电路的作用是显示空调器的运行状态，主要元器件为 3 个发光二极管（C18），其中的两个为双色二极管。

10. 蜂鸣器电路

蜂鸣器电路的作用是提示已接收到遥控器信号或应急开关信号，主要元器件为反相驱动器（C12）和蜂鸣器（C14）。

11. 步进电机电路

步进电机电路的作用是驱动步进电机运行，从而带动风门叶片（导风板）上下旋转运行，主要元器件为反相驱动器和步进电机。

12. 主控继电器电路

主控继电器电路的作用是向室外机提供电源，主要元器件为反相驱动器和主控继电器（C13）。

13. PG 电机驱动电路

PG 电机驱动电路的作用是驱动 PG 电机运行，主要元器件为光耦合器晶闸管（俗称光耦可控硅、C7）和 PG 电机。

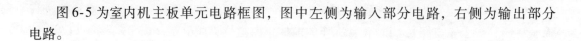

第二节　单元电路

图 6-5 为室内机主板单元电路框图，图中左侧为输入部分电路，右侧为输出部分电路。

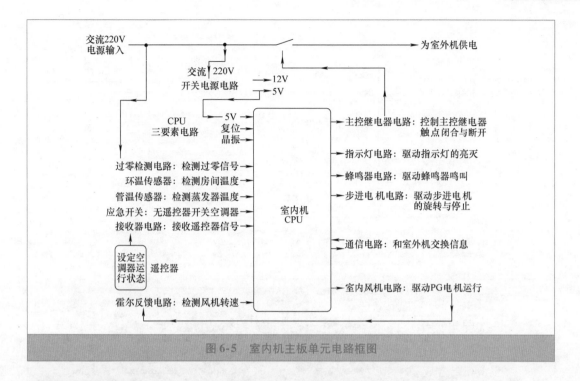

图 6-5 室内机主板单元电路框图

一、 电源电路

1. 作用

电源电路的电路简图见图 6-6，作用是将交流 220V 电压转换为直流 12V 和 5V 电压为主板供电，本机使用开关电源型式的电源电路。

➡ 说明：变频空调器室内机大多使用变压器降压型式的电源电路，只有部分普通变频空调器或全直流变频空调器使用开关电源电路型式。

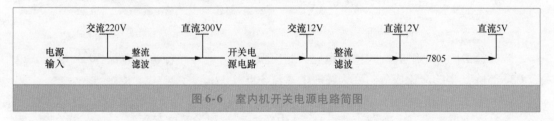

图 6-6 室内机开关电源电路简图

2. 工作原理

图 6-7 为开关电源电路原理图，图 6-8 为实物图。

（1）交流滤波电路

电容 C33 为高频旁路电容，与滤波电感 L6 组成 LC 振荡电路，用以旁路电源引入的高频干扰信号；熔丝管（俗称保险管）F1、压敏电阻 VA1 组成过电压保护电路，输入电压正常时对电路没有影响，而当输入电压过高时，VA1 迅速击穿，将前端 F1 熔丝管熔断，从而保护主板后级电路免受损坏。

交流 220V 电压经过滤波后，其中一路分支送至开关电源电路，经过由 VA2、扼流圈 L5、电容 C38 组成的 LC 振荡电路，使输入的交流 220V 电压更加纯净。

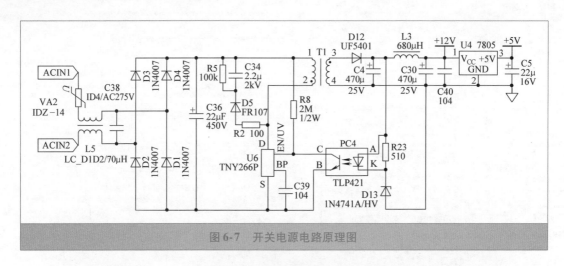

图 6-7 开关电源电路原理图

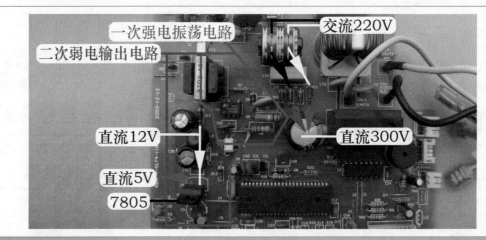

图 6-8 开关电源电路实物图

（2）整流滤波电路

二极管 D1～D4 组成桥式整流电路，将交流 220V 电压整流成为直流 300V 电压，电容 C36 滤除其中的交流成分，变为纯净的直流 300V 电压。

（3）开关振荡电路

本电路为反激式开关电源，特点是 U6 内置振荡器和场效应开关管，振荡开关频率固定，通过改变脉冲宽度来调整占空比。开关频率固定，因此设计电路相对简单，但是受功率开关管最小导通时间限制，对输出电压不能做宽范围调节。由于采用反激式开关方式，电网的干扰就不能经开关变压器直接耦合至二次绕组，具有较好的抗干扰能力。

直流 300V 电压正极经开关变压器一次绕组接集成电路 U6 内部开关管的漏极 D，负极接开关管源极 S。高频开关变压器 T1 一次绕组与二次绕组极性相反，U6 内部开关管导通时一次绕组存储能量，二次绕组因整流二极管 D12 承受反向电压而截止，相当于开路；U6 内部开关管截止时，T1 一次绕组极性变换，二次绕组极性同样变换，D12 正向偏置导通，一次绕组向二次绕组释放能量。

U6 内部开关管交替导通与截止，开关变压器二次绕组得到高频脉冲电压，经 D12 整流，电容 C4、C30、C40 和电感 L3 滤波，成为纯净的直流 12V 电压为主板 12V 负载供电；其中一个支路送至 U4 （7805）的①脚输入端，经内部电路稳压后在③脚输出端输出稳定的直流 5V 电压，为主板 5V 负载供电。

R2、D5、R5、C34 组成钳位保护电路，吸收开关管截止时加在漏极 D 上的尖峰电压，并将其降至一定的范围之内，防止过电压损坏开关管。

C39 为旁路电容，实现高频滤波和能量存储，在开关管截止时为 U6 提供工作电压，由于容量仅为 0.1μF，因此 U6 上电时迅速启动并使输出电压不会过高。

电阻 R8 为输入电压检测电阻，开关电源电路在输入电压高于 100V 时，集成电路 U6 才能工作。如果 R8 阻值发生变化，导致 U6 欠电压阈值发生变化，将出现开关电源电路不能正常工作的故障。

（4）稳压电路

稳压电路采用脉宽调制方式，由电阻 R23、11V 稳压管 D13、光耦合器 PC4 和 U6 的④脚（EN/UV）组成。如因输入电压升高或负载发生变化引起直流 12V 电压升高，由于稳压管 D13 的作用，电阻 R23 两端电压升高，相当于光耦合器 PC4 初级发光二极管两端电压上升，光耦合器次级光敏晶体管导通能力增强，U6 的④脚电压下降，通过减少开关管的占空比，使开关管导通时间缩短而截止时间延长，开关变压器存储的能量变少，输出电压也随之下降。如直流 12V 电压降低，光耦合器次级导通能力下降，U6 的④脚电压上升，增加开关管的占空比，开关变压器存储能量增加，输出电压也随之升高。

（5）输出电压直流 12V

输出电压直流 12V 的高低，由稳压管 D13 稳压值（11V）和光耦合器 PC4 初级发光二极管的压降（约 1V）共同设定。正常工作时实测稳压管 D13 两端电压为直流 10.5V，光耦合器 PC4 初级两端电压为 1V，输出电压为 11.5V。

3. 电源电路负载

（1）直流 12V

主要有 5 个支路：①5V 电压产生电路 7805 稳压块的①脚输入端；②2003 反相驱动器；③蜂鸣器；④主控继电器；⑤步进电机。

（2）直流 5V

主要有 7 个支路：①CPU；②复位电路；③霍尔反馈；④传感器电路；⑤显示板组件上指示灯和接收器；⑥光耦合器晶闸管；⑦通信电路光耦合器和其他弱电信号处理电路。

二、 CPU 及其三要素电路

1. CPU 简介

CPU 是主板上体积最大、引脚最多的器件，为一个大规模的集成电路，是电控系统的控制中心，内部写入了运行程序。室内机 CPU 的作用是接收使用者的操作指令，结合室内环温、管温传感器等输入部分电路的信号进行运算和比较，确定运行模式（如制冷、制热、除湿和送风等），并通过通信电路传送至室外机主板 CPU，间接控制压缩机、室外风机、四通阀线圈等部件，使空调器按使用者的意愿工作。

海信 KFR-26GW/11BP 室内机 CPU 型号为 MB89P475，实物外形见图 6-9，主板代号

U1，共有48个引脚，表6-2为主要引脚功能。

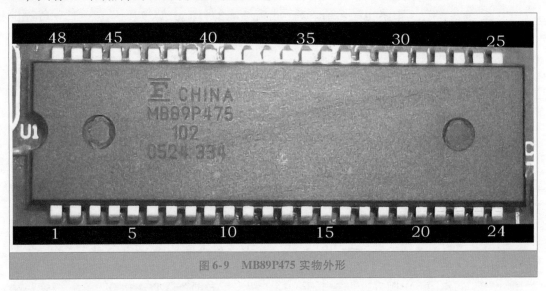

图6-9　MB89P475实物外形

表6-2　MB89P475主要引脚功能

引　　脚	英文符号	功　　能	说　　明
㊲、㉜	VCC 或 VDD	电源	CPU 三要素电路
①、㉛	VSS 或 GND	地	
㊼	XIN 或 OSC1	8 MHz 晶振	
㊽	XOUT 或 OSC2		
㊹	RESET	复位	
㊶	SI 或 RXD	通信信号输入	通信电路
㊷	SO 或 TXD	通信信号输出	
⑲	COIL	室内管温输入	输入部分电路
⑳	ROOM	室内环温输入	
⑪	SPEED	应急开关输入	
⑫		遥控器信号输入	
⑩	ZERO	过零信号输入	
⑨		霍尔反馈输入	
指示灯：㉙高效（红）、㉚运行（蓝）、㉛定时（绿）、㉜电源（红）、㉝电源（绿）			输出部分电路
㉓～㉖	FLAP	步进电机	
㉞	BUZZ	蜂鸣器	
㊴	FAN-DRV	PG 电机	
㉗		主控继电器	

注：②、④～⑧、⑬～⑱、㉘、㉟、㊱、㊳、⑭、㊸、㊺脚均为空脚。

2. CPU 三要素电路工作原理

图 6-10 为 CPU 三要素电路原理图，图 6-11 为实物图。电源、复位和时钟振荡电路称为三要素电路，是 CPU 正常工作的前提，缺一不可，否则会死机，引起空调器上电后室内机主板无反应的故障。

（1）电源电路

CPU㊲脚是电源供电引脚，电压由 7805 的③脚输出端直接供给。

CPU①脚为接地引脚，和 7805 的②脚相连。

（2）复位电路

复位电路使 CPU 内部程序处于初始状态。CPU 的㊹脚为复位引脚，外围元器件 IC1（HT7044A）、R26、C35、C201、D8 组成低电平复位电路。开机瞬间，直流 5V 电压在滤波电容的作用下逐渐升高，当电压低于 4.6V 时，IC1 的①脚为低电平约 0V，加至㊹脚，使 CPU 内部电路清零复位；当电压高于 4.6V 时，IC1 的①脚变为高电平 5V，加至 CPU㊹脚，使其内部电路复位结束，开始工作。电容 C35 用来调整复位时间。

（3）时钟振荡电路

时钟振荡电路提供时钟频率。CPU㊼、㊽为时钟引脚，内部振荡器电路与外接的晶振 CR1 组成时钟振荡电路，提供稳定的 8MHz 时钟信号，使 CPU 能够连续执行指令。

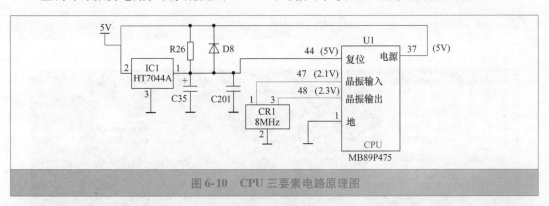

图 6-10　CPU 三要素电路原理图

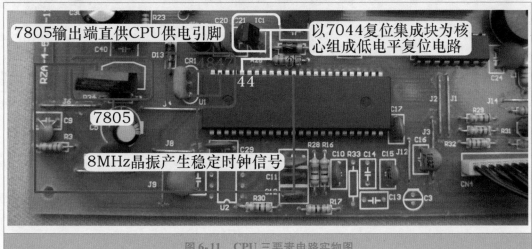

图 6-11　CPU 三要素电路实物图

三、 应急开关电路

1. 工作原理

图 6-12 为应急开关电路原理图，图 6-13 为实物图，该电路的作用是无遥控器时可以开启和关闭空调器。

CPU⑪脚为应急开关信号输入引脚，正常即应急开关未按下时为高电平直流 5V；在无遥控器需要开启或关闭空调器时，按下应急开关的按键，⑪脚为低电平 0V，CPU 根据低电平的次数和时间长短进入各种控制程序。

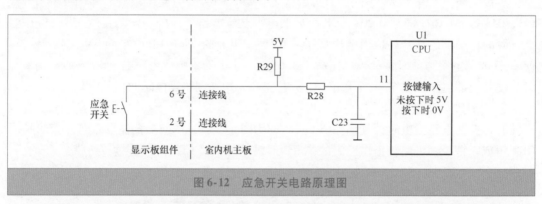

图 6-12　应急开关电路原理图

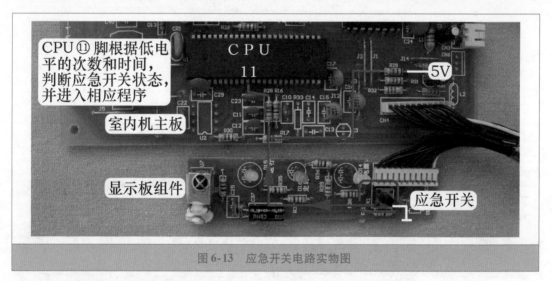

图 6-13　应急开关电路实物图

2. 控制程序

1）按一次应急开关为开机，工作于自动模式；再按一次则关机。

2）待机状态下按下应急开关超过 5s，如室内机 CPU 存储有故障代码则优先显示；如未存储故障代码，蜂鸣器响 3 声，进入强制制冷状态，运行时不考虑室内环境温度。

3）应急开机运行时，如接收到遥控器信号，则按遥控器信号控制运行。

四、 遥控器信号接收电路

1. 工作原理

图6-14为遥控器信号接收电路原理图，图6-15为实物图，该电路的作用是处理遥控器发送的信号并送至CPU相关引脚。

遥控器发射含有经过编码的调制信号，以38kHz为载波频率发送至接收器U7，接收器将光信号转换为电信号，并进行放大、滤波、整形，经电阻R11和R16送至CPU⑫脚，CPU内部电路解码后得出遥控器的按键信息，从而对电路进行控制；CPU每接收到遥控器信号后均会控制蜂鸣器响一声给予提示。

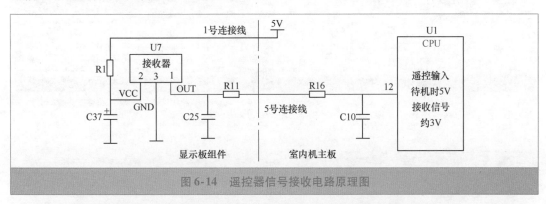

图6-14 遥控器信号接收电路原理图

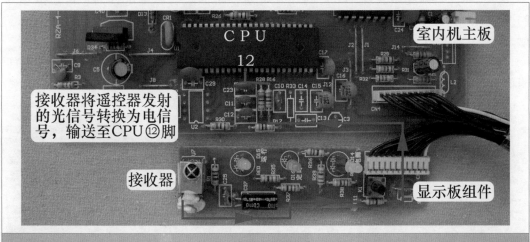

图6-15 遥控器信号接收电路实物图

2. 早期和目前的接收器在出厂时的不同之处

早期大多数品牌空调器室内机显示板组件上的接收器引脚裸露在外，见图6-16左图，容易因受潮引起接收器漏电，出现不能接收遥控器信号的故障，并且这是一种通病，无论是变频空调器或定频空调器，在绝大部分空调器品牌中均会出现。

实际上门检修时，一般不用更换接收器，可使用电吹风加热接收器，或使用螺钉旋具轻轻敲击接收器表面，即可排除故障。但这是一种治标不治本的方法，空调器使用一段时间之后还会再次出现相同的故障，根治的方法就是在更换质量好的接收器后，在引脚表面涂上一层绝缘胶。目前出厂的大多数品牌空调器，接收器引脚均涂有绝缘胶，见图 6-16 右图，以降低不接收遥控器信号故障的比例。

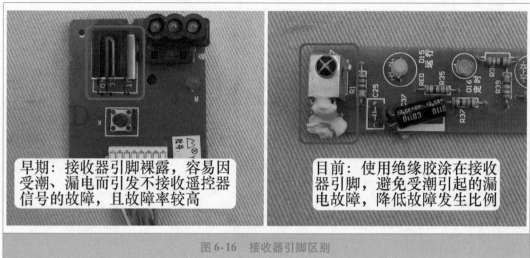

早期：接收器引脚裸露，容易因受潮、漏电而引发不接收遥控器信号的故障，且故障率较高

目前：使用绝缘胶涂在接收器引脚，避免受潮引起的漏电故障，降低故障发生比例

图 6-16　接收器引脚区别

五、　传感器电路

1. 传感器特性

传感器为负温度系数（NTC）的热敏电阻，阻值随着温度上升而下降。以型号 25℃/5kΩ 的传感器为例，测量温度变化时的阻值变化情况：阻值应符合负温度系数热敏电阻变化的特点，如温度变化时阻值不做相应变化，则传感器有故障。

图 6-17 左图为传感器降温时测量阻值的结果，图 6-17 中图为常温状态下测量传感器阻值的结果，图 6-17 右图为加热传感器测量阻值的结果。

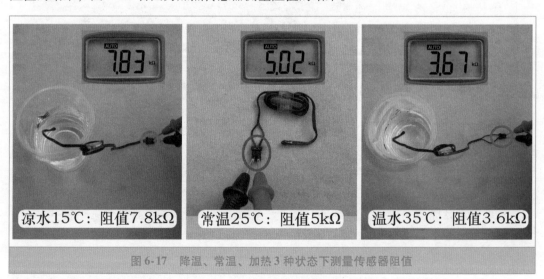

凉水15℃：阻值7.8kΩ　　常温25℃：阻值5kΩ　　温水35℃：阻值3.6kΩ

图 6-17　降温、常温、加热 3 种状态下测量传感器阻值

2. 安装位置与作用

室内机传感器有两个，即环温传感器和管温传感器。

（1）室内环温传感器电路

图 6-18 为环温传感器安装位置和实物外形。本机的环温传感器比较特殊，与常见机型不同，没有安装在蒸发器的进风面，而是直接焊接在显示板组件上面（相对应主板没有环温传感器插座），且实物外形和普通二极管相似；管温传感器与常见机型相同。

1）室内环温传感器在电路中的英文符号为"ROOM"，作用是检测室内房间温度，由室内环温传感器（25℃/5kΩ）和分压电阻 R21（4.7kΩ 精密电阻、1% 误差）等元器件组成。

2）制冷模式时，控制室外机停机；制热模式时，控制室内风机和室外机停机。

3）和遥控器的设定温度（或应急开关设定温度）组合，决定压缩机的运行频率，基本原则为温差大运行频率高，温差小运行频率低。

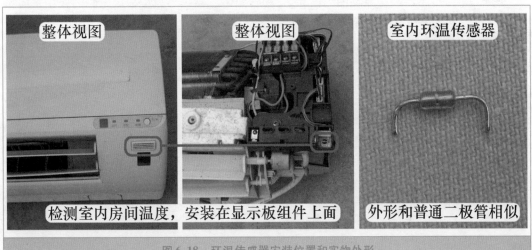

整体视图　整体视图　室内环温传感器

检测室内房间温度，安装在显示板组件上面　外形和普通二极管相似

图 6-18　环温传感器安装位置和实物外形

（2）室内管温传感器电路

图 6-19 为管温传感器安装位置和实物外形。

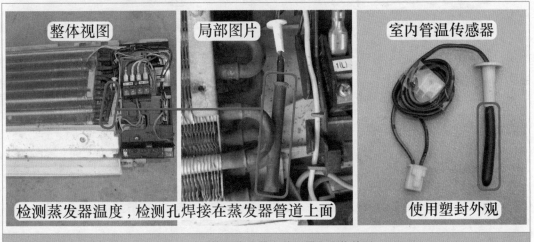

整体视图　局部图片　室内管温传感器

检测蒸发器温度，检测孔焊接在蒸发器管道上面　使用塑封外观

图 6-19　管温传感器安装位置和实物外形

1）室内管温传感器在电路中的英文符号是"COIL"，作用是检测蒸发器温度，由室内管温传感器（25℃/5kΩ）和分压电阻 R22（4.7kΩ 精密电阻、1% 误差）等元器件组成。

2）制冷模式下防冻结保护，控制压缩机运行频率。室内管温高于9℃，频率不受约束；低于7℃时禁升频，低于3℃时降频，低于−1℃时压缩机停机。

3）制热模式下防冷风保护，控制室内风机转速。室内管温低于23℃，室内风机停机；高于28℃时低风，高于32℃时中风，高于38℃时按设定风速运行。

4）制热模式下防过载保护，控制压缩机运行频率。室内管温低于48℃，频率不受约束；高于63℃时，压缩机降频；高于78℃时，控制压缩机停机。

3. 工作原理

图 6-20 为传感器电路原理图，图 6-21 为管温传感器信号流程，该电路的作用是向室内机 CPU 提供室内房间温度和室内蒸发器温度信号。

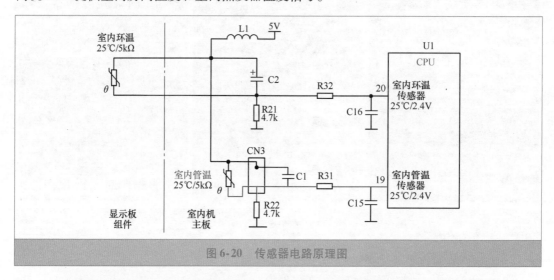

图 6-20　传感器电路原理图

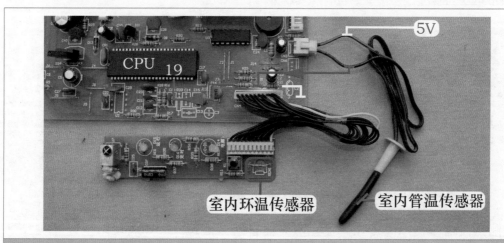

图 6-21　管温传感器信号流程

室内机 CPU 的⑳脚检测室内环温传感器温度，⑲脚检测室内管温传感器温度，两个传感器工作原理相同，均为传感器与偏置电阻组成分压电路，传感器为负温度系数（NTC）的热敏电阻。以室内管温传感器电路为例，如蒸发器温度由于某种原因升高，室内管温传感器温度也相应升高，其阻值变小，根据分压电路原理，分压电阻 R22 分得的电压也相应升高，输送到 CPU⑲脚的电压升高，CPU 根据电压值计算得出蒸发器的实际温度，并与内置的数据相比较，对电路进行控制。假如在制热模式下，计算得出的温度大于78℃，则控制压缩机停机，并显示故障代码。

环温与管温传感器型号相同，均为25℃/5kΩ，分压电阻的阻值也相同，因此在刚上电未开机时，环温和管温传感器检测的温度基本相同，CPU 的⑲脚和⑳脚电压也基本相同，传感器插座分压点引针电压也基本相同，房间温度在25℃时电压约为2.4V。

CPU 判断传感器开路或短路的依据：检测引脚的电压高于4.5V 或低于0.5V。在实际检修中，管温传感器由于检测温度跨度特别大，损坏的可能性远大于环温传感器，许多保护动作都是由它引起的，所以在检修电路故障时，应首先测量管温传感器阻值是否正常。

4. 传感器温度与 CPU 电压对应关系

海信空调器室内环温传感器和室内管温传感器的型号通常为25℃/5kΩ，分压电阻阻值为4.7kΩ 或5.1kΩ，制冷和制热模式常见温度与 CPU 电压的对应关系见表6-3。

室内环温传感器测量温度范围，制冷模式在15～35℃之间，制热模式在0～30℃之间（包括未开机时）。

室内管温传感器测量温度范围，制冷模式在 -5～30℃之间，制热模式在0～80℃之间（包括除霜模式）。

表6-3 温度值与 CPU 电压对应关系

温度/℃	-5	0	5	20	25	35	50	70	80
阻值/kΩ	18.8	15	12	6.4	5	3.6	2.1	1.1	0.8
CPU 电压/V	1	1.2	1.4	2.1	2.4	2.8	3.4	4	4.2

六、 指示灯电路

图6-22为指示灯电路原理图，图6-23为电源指示灯信号流程，该电路的作用是指示空调器工作状态，或者出现故障时以指示灯的亮、灭、闪的组合显示代码。

CPU㉙～㉝脚分别是高效、运行、定时、电源指示灯控制引脚，运行 D15、电源 D14 指示灯均为双色指示灯。

定时指示灯 D16 为单色指示灯，正常情况下，CPU㉛脚为高电平4.5V，D16 因两端无电压差而熄灭；如遥控器开启"定时"功能，CPU 处理后开始计时，同时㉛脚变为低电平0.2V，D16 两端电压为1.9V 而点亮，显示绿色。

电源指示灯 D14 为双色指示灯，待机状态 CPU㉜、㉝脚均为高电平4.5V，指示灯为熄灭状态；遥控器开机后如 CPU 控制为制冷或除湿模式，㉝脚变为低电平0.2V，D14 内部绿色发光二极管点亮，因此显示颜色为绿色；遥控器开机后如 CPU 控制为制热模式，㉜、㉝脚均为低电平0.2V，D14 内部红色和绿色发光二极管全部点亮，红色和绿色融合为橙色，因此制热模式显示为橙色。

运行指示灯 D15 也为双色指示灯，具有运行和高效指示功能，共同组合可显示压缩机运行频率。遥控器开机后如压缩机低频运行，CPU㉚脚为低电平 0.2V，CPU㉙脚为高电平 4.5V，D15 内部只有蓝色发光二极管点亮，此时运行指示灯只显示蓝色；如压缩机升频至中频状态运行，CPU㉙脚也变为低电平 0.2V（即㉙和㉚脚同为低电平），D15 内部红色和蓝色发光二极管均点亮，此时 D15 同时显示红色和蓝色两种颜色；如压缩机继续升频至高频状态运行，或开启遥控器上的"高效"功能，CPU㉚脚变为高电平，D15 内部蓝色发光二极管熄灭，此时只有红色发光二极管点亮，显示颜色为红色。

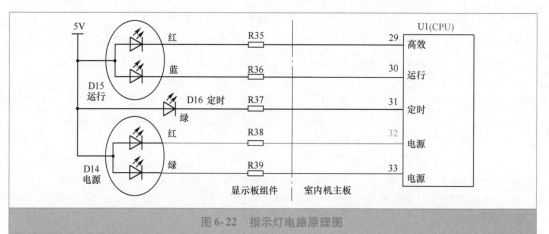

图 6-22　指示灯电路原理图

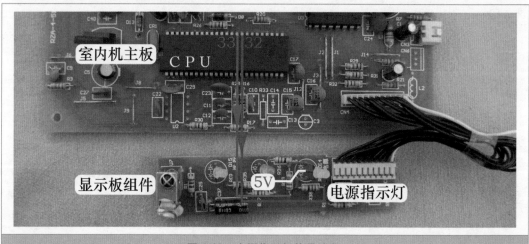

图 6-23　电源指示灯信号流程

七、　蜂鸣器电路

图 6-24 为蜂鸣器电路原理图，图 6-25 为实物图，该电路的作用为提示（响一声）CPU 接收到遥控器信号或应急开关信号且已处理。

CPU㉞脚是蜂鸣器控制引脚，正常时为低电平；当接收到遥控器信号或应急开关信号且处理后引脚变为高电平，反相驱动器 U3 的输入端①脚也为高电平，输出端⑯脚则为低电平，蜂鸣器发出预先录制的音乐。

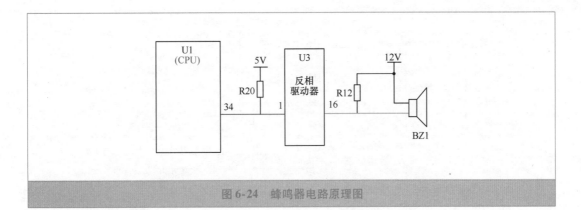

图 6-24　蜂鸣器电路原理图

图 6-25　蜂鸣器电路实物图

八、　步进电机电路

图 6-26 为步进电机的电路原理图，图 6-27 为实物图，该电路的作用是驱动步进电机运行。

当 CPU 接收到遥控器信号需要控制步进电机运行时，其㉓～㉖脚输出步进电机驱动信号，送至反相驱动器 U3 的输入端⑤、④、③、②脚，U3 将信号放大后在⑫～⑮脚反相输出，驱动步进电机线圈，电机转动，带动导风板上下摆动，使房间内送风均匀，到达用户需要的地方；需要控制步进电机停止转动时，CPU㉓～㉖脚输出低电平 0V，线圈无驱动电压，使得步进电机停止运行。

驱动步进电机运行时，CPU 的 4 个引脚按顺序输出高电平，实测电压在 1.3V 左右变化；反相驱动器输入端电压在 1.3V 左右变化，输出端电压在 8.5V 左右变化。

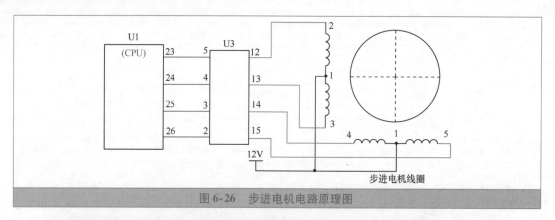

图 6-26　步进电机电路原理图

图 6-27　步进电机电路实物图

九、　主控继电器电路

图 6-28 为主控继电器电路原理图，图 6-29 为继电器触点闭合过程，图 6-30 为继电器触点断开过程，该电路的作用是接通或断开室外机的供电。

当 CPU 处理输入的信号，需要为室外机供电时，㉗脚变为高电平 5V，送至反相驱动器 U3 的输入端⑥脚，⑥脚为高电平 5V，U3 内部电路翻转，使得输出端引脚接地，其对应输出端⑪脚为低电平 0.8V，继电器 RY1 线圈得到 11.2V 供电，产生电磁吸力使触点 3-4 闭合，电源电压由 L 端经主控继电器 3-4 触点去接线端子，与 N 端组合为交流 220V 电压，为室外机供电。

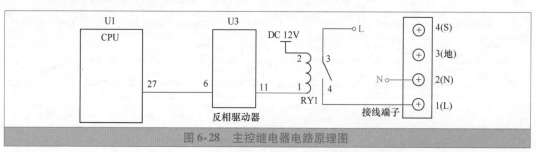

图 6-28　主控继电器电路原理图

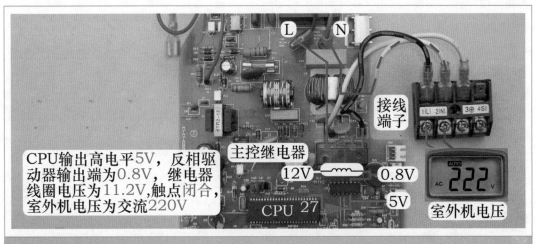

图 6-29 主控继电器触点闭合过程

当 CPU 处理输入的信号，需要断开室外机供电时，㉗脚为低电平 0V，U3 输入端⑥脚也为低电平 0V，内部电路不能翻转，对应输出端⑪脚为高电平 12V，继电器 RY1 线圈电压为 0V，触点 3-4 断开，室外机也就停止供电。

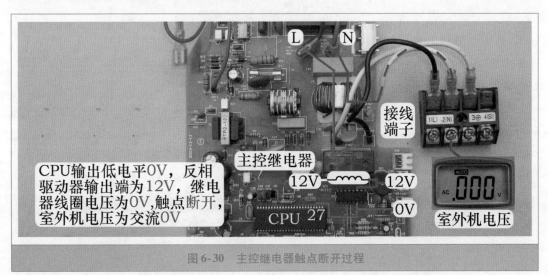

图 6-30 主控继电器触点断开过程

十、 过零检测电路

1. 作用

图 6-31 为过零检测电路原理图，图 6-32 为实物图，该电路的作用是为 CPU 提供电源电压的零点位置信号，以便 CPU 在零点附近驱动光耦合器晶闸管的导通角，并通过软件计算出电源供电是否存在瞬时断电的故障。本机主板供电使用开关电源电路，过零检测电路的取样点为交流 220V。

➡ 说明：如果室内机主板使用变压器降压型式的电源电路，则过零检测电路取样点为变压器二次绕组整流电路的输出端。两者电路设计思路不同，使用的元器件和检测点也不相同，但工作原理类似，所起的作用是相同的。

2. 工作原理

过零检测电路主要由电阻 R4、光耦合器 PC3 等主要元器件组成。交流电源处于正半周即 L 正、N 负时，光耦合器 PC3 初级得到供电，内部发光二极管发光，使得次级光敏晶体管导通，5V 电压经 PC3 次级、电阻 R30 为 CPU⑩脚供电，为高电平 5V；交流电源为负半周即 L 负、N 正时，光耦合器 PC3 初级无供电，内部发光二极管无电流通过不能发光，使得次级光敏晶体管截止，CPU⑩脚经电阻 R30、R3 接地，引脚电压为低电平 0V。

交流电源正半周和负半周极性交替变换，光耦合器反复导通、截止，在 CPU⑩脚形成 100Hz 的脉冲波形，CPU 内部电路通过处理，检测电源电压的零点位置及供电是否存在瞬时断电。

交流电源频率为 50Hz，每 1Hz 为一周期，一周期由正半周和负半周组成，也就是说 CPU⑩脚电压每秒变化 100 次，速度变化极快，万用表显示值不为跳变电压而是稳定的直流电压，实测⑩脚电压为直流 2.2V，光耦合器 PC3 初级为直流 0.2V。

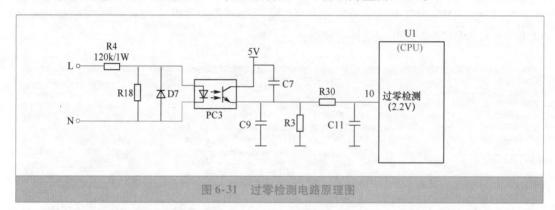

图 6-31　过零检测电路原理图

图 6-32　过零检测电路实物图

十一、 PG 电机驱动电路

PG 电机安装在室内机右侧部分，见图 6-33 左图，作用是驱动贯流风扇，在制冷时将蒸发器产生的冷量带出吹向房间内，从而降低房间温度。室内风机电路用于驱动 PG 电机运行，由过零检测电路、PG 电机驱动电路和霍尔反馈电路 3 个单元电路组成。

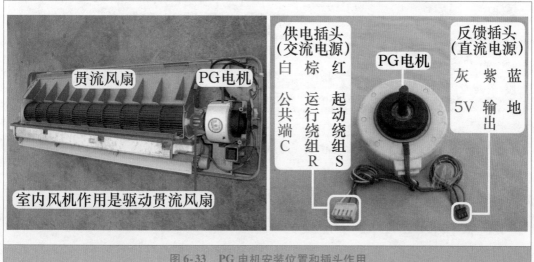

图 6-33　PG 电机安装位置和插头作用

1. 起动原理

PG 电机使用电容感应式电机，内部含有起动和运行两个绕组。PG 电机工作时通入单相交流电源，由于电容的作用，起动绕组比运行绕组电流超前 90°，在定子与转子之间产生旋转磁场，电机便转动起来，带动贯流风扇吸入房间内的空气至室内机，经蒸发器降低温度后以一定的风速和流量吹出，来降低房间温度。

2. PG 电机特点

1）插头：共有两个插头，见图 6-33 右图，大插头为线圈供电，有 3 根引线；小插头为霍尔反馈，同样为 3 根引线。

2）供电电压：通常为交流 90 ~ 170V。

3）转速控制：通过改变供电电压的高低来改变转速。

4）控制电路：为使转速控制准确，PG 电机内含霍尔，并且主板增加霍尔反馈电路和过零检测电路。

5）转速反馈：PG 电机内含霍尔，向主板 CPU 反馈代表实际转速的霍尔信号，CPU 通过调节光耦合器晶闸管的导通角，使 PG 电机转速与目标转速相同。

3. 内部结构

PG 电机内部结构见图 6-34，由定子（含引线和线圈供电插头）、转子（含磁环和上下轴承）、霍尔电路板（含引线和霍尔反馈插头）、上盖和下盖、上部和下部的减振胶圈组成。

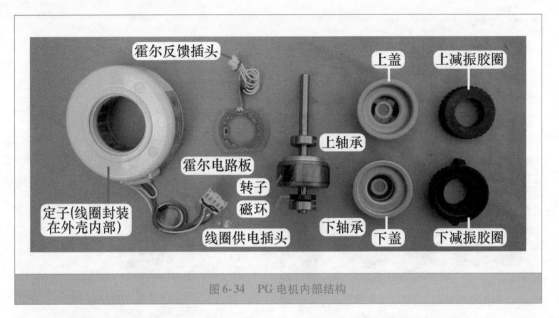

图 6-34　PG 电机内部结构

4. 工作原理

图 6-35 为 PG 电机电路原理图，图 6-36 为实物图，该电路的作用是驱动 PG 电机运行，从而带动贯流风扇运行。

用户输入的控制指令经主板 CPU 处理，需要控制室内风机运行时，首先检查过零检测电路输入的过零位置信号，以便在电源零点位置附近驱动光耦合器晶闸管的导通角，检查过零信号正常后 CPU ㊴脚输出驱动信号，经 R34 送至 U5（光耦合器晶闸管）初级发光二极管的负极，次级晶闸管导通，PG 电机开始运行。电机运行之后输出代表转速的霍尔信号经电路反馈至 CPU 的相关引脚，CPU 计算实际转速并与程序设定的转速相比较，如有误差则改变光耦合器晶闸管的导通角，改变 PG 电机的工作电压，从而改变转速，使之与目标转速相同。

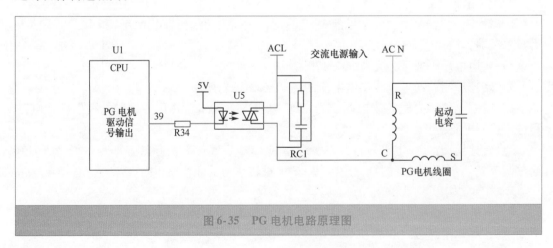

图 6-35　PG 电机电路原理图

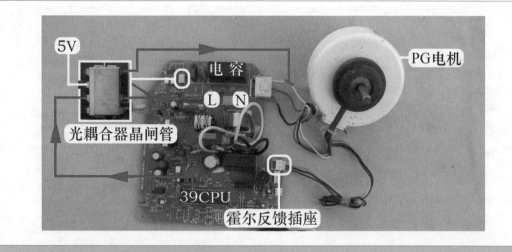

图 6-36 PG 电机电路实物图

十二、霍尔反馈电路

1. 霍尔

霍尔 44E 实物外形见图 6-37 左图，是一种基于霍尔效应的磁传感器，用它们可以检测磁场及其变化，可在各种与磁场有关的场合中使用。

应用在 PG 电机电路中时，霍尔安装在电路板上（见图 6-37 右图），电机的转子上面安装有磁环（见图 6-38 左图），在空间位置上霍尔与磁环相对应（见图 6-38 右图），转子旋转时带动磁环转动，霍尔将磁感应信号转化为高电平或低电平的脉冲电压由输出脚输出并送至主板 CPU，CPU 根据脉冲电压信号计算出电机的实际转速。

PG 电机旋转一圈，内部霍尔会输出一个脉冲电压信号或几个脉冲电压信号（厂家不同，脉冲信号数量不同），CPU 根据脉冲电压信号数量计算出实际转速。

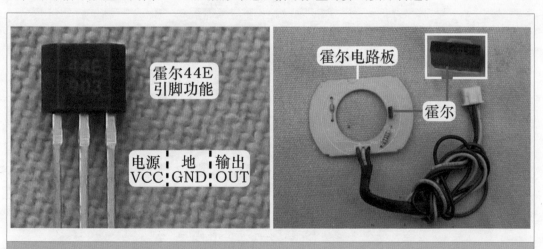

图 6-37 霍尔实物外形和霍尔电路板

图6-38　霍尔和磁环

2. 工作原理

图6-39为霍尔反馈电路原理图，图6-40为实物图，该电路的作用是向CPU提供代表PG电机实际转速的霍尔信号，由PG电机内部霍尔、电阻R7/R17、电容C12和CPU的⑨脚组成。

PG电机内部设有霍尔，转子旋转时霍尔输出脚输出代表转速的脉冲电压信号，通过CN2插座、电阻R17提供给CPU⑨脚，CPU内部电路计算出实际转速，与目标转速相比较，如有误差通过改变光耦合器晶闸管的导通角，从而改变PG电机工作电压，使PG电机实际转速与目标转速相同。

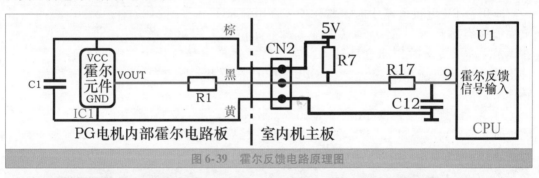

图6-39　霍尔反馈电路原理图

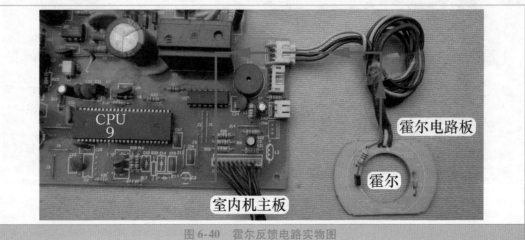

图6-40　霍尔反馈电路实物图

PG 电机停止运行时，根据内部霍尔位置不同，霍尔反馈插座的信号引针电压即 CPU⑨脚电压为 5V 或 0V；PG 电机运行时，不论高速还是低速，电压恒为 2.5V，即供电电压 5V 的一半。

十三、遥控器电路

1. 发射电路工作原理

遥控器由外壳、主板、显示屏、按键和电池等组成。主板上的红外信号发射电路最容易损坏出现故障，本节只详细介绍此部分电路，电路原理图和实物图见图 6-41。

遥控器 CPU 接收到按键信号，进行编码，并将调制信号以 38kHz 为载波频率，由㉒脚输出，经电阻 R1 到 T1 基极进行放大，驱动红外发射二极管 LED1、LED2 将信号发出，室内机接收器电路接收信号传送至主板 CPU，CPU 分析出按键信息对整机电路进行控制，使空调器按用户意愿工作。

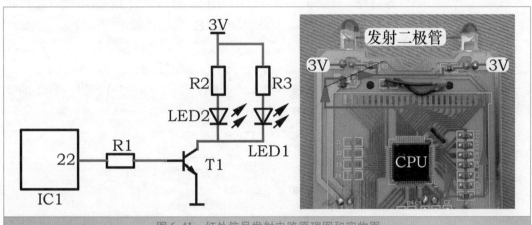

图 6-41 红外信号发射电路原理图和实物图

2. 遥控器检测方法

开启手机摄像功能，见图 6-42，将遥控器发射二极管对准手机摄像头，按压按键的同时观察手机屏幕。如果发射二极管发出白光，说明遥控器正常；如一直无白光发出，则可判定遥控器有故障。

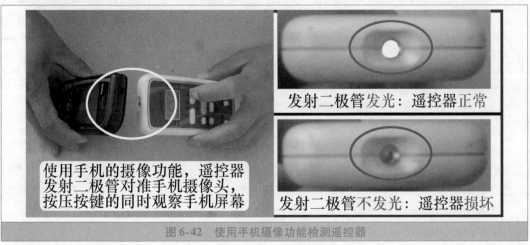

图 6-42 使用手机摄像功能检测遥控器

第三节　通 信 电 路

本节以海信 KFR-26GW/11BP 交流变频空调器为例，介绍目前主板通信电源使用直流 24V 电压的通信电路，这也是目前最常见的通信电路形式，在所有品牌的变频空调器中均有应用，只是有些品牌的电路做了一些修改，但工作原理完全一样。

一、电路组成

1. 通信规则

空调器通电后，由室内机（主机）向室外机（副机）发送信号或由室外机向室内机发送信号，均在收到对方信号处理完 50ms 后进行。通信以室内机为主，正常情况室内机发送信号之后等待接收，如 500ms 仍未接收到反馈信号，则再次发送当前的命令，如果 2min 内仍未收到室外机的应答（或应答错误），则出错报警，同时发送信息命令给室外机。以室外机为副机，室外机未接收到室内机的信号时，则一直等待，不发送信号。

图 6-43 为通信电路简图，RC1 为室内机发送光耦合器，RC2 为室内机接收光耦合器，PC1 为室外机发送光耦合器，PC2 为室外机接收光耦合器。

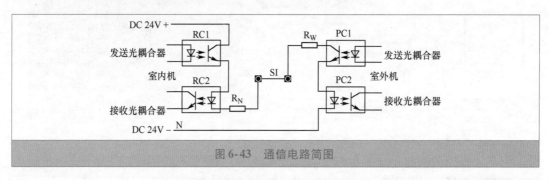

图 6-43　通信电路简图

空调器通电后，室内机和室外机主板就会自动进行通信，按照既定的通信规则，用脉冲序列的形式将各自的电路状况发送给对方，收到对方正常信息后，室内机和室外机电路均处于待机状态。当进行开机操作时，室内机 CPU 把预置的各项工作参数及开机指令送到 RC1 的输入端，通过通信回路进行传输；室外机 PC2 输入端收到开机指令及工作参数内容后，由输出端将序列脉冲信息送给室外机 CPU，整机开机，按照预定的参数运行。室外机 CPU 在接收到信息 50ms 后输出反馈信息到 PC1 的输入端，通过通信回路传输到室内机 RC2 输入端，RC2 输出端将室外机传来的各项运行状况参数送至室内机 CPU，根据收集到的整机运行状况参数确定下一步对整机的控制。

由于室内机和室外机之间相互传递的通信信息产生于各自的 CPU，其信号幅度 <5V。而室内机与室外机的距离比较远，如果直接用此信号进行室内机和室外机的信号传输，很难保证信号传输的可靠度。因此在变频空调器中，通信回路一般都采用单独的电源供电，供电电压多数使用直流 24V，通信回路采用光耦合器传送信号，通信电路电源与室内机和室外机的主板上的电源完全分开，形成独立的回路。

2. 主板

完整的通信电路由室内机主板 CPU、室内机通信电路、室内外机连接线、室外机主板 CPU 和室外机通信电路组成。

见图 6-44，室内机主板 CPU 的作用是产生通信信号，该信号通过通信电路传送至室外机主板 CPU，同时接收由室外机主板 CPU 反馈的通信信号并做处理；室外机主板 CPU 的作用与室内机主板 CPU 相同，也是发送和接收通信信号。

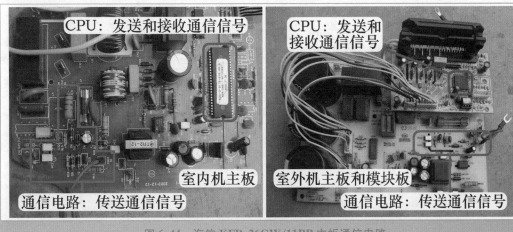

图 6-44　海信 KFR-26GW/11BP 主板通信电路

3. 室内外机连接线

变频空调器室内机和室外机共有 4 根连接线，见图 6-45，作用分别是：1 号 L 为相线，2 号 N 为零线，3 号为地线，4 号 SI 为通信线。

L 与 N 为交流 220V 电压，由室内机输出为室外机供电，此时 N 为零线；S（本处实例为 SI）与 N 为室内机和室外机的通信电路提供回路，SI 为通信信号引线，此时 N 为通信电路专用电源（直流 24V）的负极，因此 N 同时有双重作用，即为交流 220V 的零线，又为通信电路直流 24V 电压的负极，所以在接线时室内机接线端子上 L 与 N 和室外机接线端子应相同，不能接反，否则通信电路不能构成回路，造成通信故障。

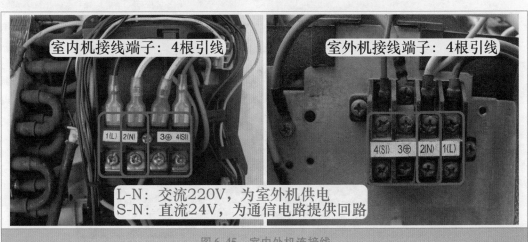

图 6-45　室内外机连接线

二、 工作原理

图 6-46 为海信 KFR-26GW/11BP 通信电路原理图。从图中可知，室内机 CPU㊷脚为发送引脚，㊶脚为接收引脚，PC1 为发送光耦合器，PC2 为接收光耦合器；室外机 CPU㉓脚为发送引脚，㉒脚为接收引脚，PC02 为发送光耦合器，PC03 为接收光耦合器。

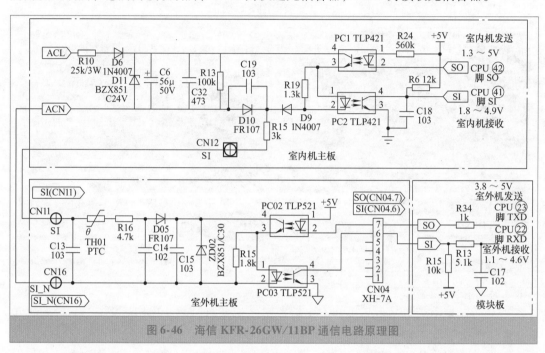

图 6-46　海信 KFR-26GW/11BP 通信电路原理图

1. 直流 24V 电压形成电路

通信电路电源使用专用的直流 24V 电压，见图 6-47，设在室内机主板，电源电压经相线 L 由电阻 R10 降压、D6 整流、C6 滤波，在稳压管 D11（稳压值 24V）两端形成直流 24V 电压，为通信电路供电，N 为直流 24V 电压的负极。

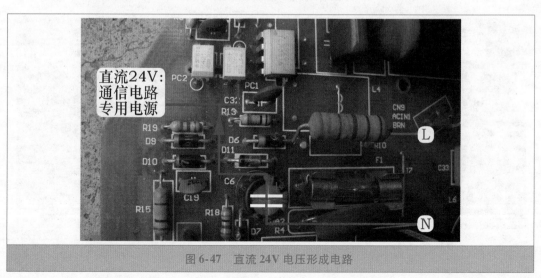

图 6-47　直流 24V 电压形成电路

2. 室内机发送信号、室外机接收信号过程

信号流程见图 6-48。

通信电路处于室内机 CPU 发送信号、室外机 CPU 接收信号状态时，首先室外机 CPU ㉓脚为低电平，发送光耦合器 PC02 初级发光二极管两端的电压约 1.1V，使得次级光敏晶体管一直处于导通状态，为室内机 CPU 发送信号提供先决条件。

若室内机 CPU ㊷脚为低电平信号，发送光耦合器 PC1 初级发光二极管得到电压，使得次级光敏晶体管导通，整个通信环路闭合。信号流程如下：直流 24V 电压正极→PC1 的④脚→PC1 的③脚→PC2 的①脚→PC2 的②脚→D9→R15→室内外机通信引线 SI→PTC 电阻 TH01→R16→D05→PC02 的④脚→PC02 的③脚→PC03 的①脚→PC03 的②脚→N 构成回路，室外机接收光耦合器 PC03 初级在通信信号的驱动下得电，次级光敏晶体管导通，室外机 CPU ㉒脚经电阻 R13、PC03 次级接地，电压为低电平。

若室内机 CPU ㊷脚为高电平信号，PC1 初级无电压，使得次级光敏晶体管截止，通信环路断开，室外机接收光耦合器 PC03 初级无驱动信号，使得次级光敏晶体管截止，5V 电压经电阻 R15、R13 为 CPU ㉒脚供电，电压为高电平。

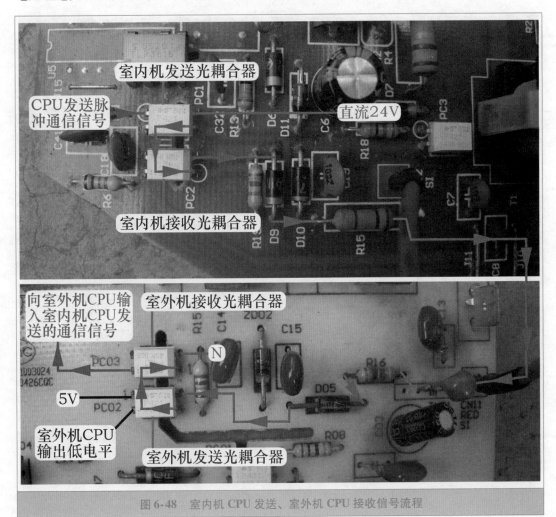

图 6-48　室内机 CPU 发送、室外机 CPU 接收信号流程

由此可以看出，室外机接收光耦合器 PC03 所输出至 CPU㉒脚的脉冲信号，就是室内机 CPU㊷脚经发送光耦合器 PC1 输出的脉冲信号。根据以上原理，实现了由室内机发送信号、室外机接收信号的过程。

一旦室外机出现异常状况，在相应的字节中就会出现与故障内容相对应的编码内容，通过通信电路传至室内机 CPU，室内机 CPU 针对故障内容立即发出相应的控制指令，整机电路就会出现相应的保护动作。同样，当室内机电路检测到异常时，室内机 CPU 也会及时发出相对应的控制指令至室外机 CPU，以采取相应的保护措施。

3. 室外机发送信号、室内机接收信号过程

信号流程见图 6-49。

通信电路处于室外机 CPU 发送信号、室内机 CPU 接收信号状态时，首先室内机 CPU㊷脚为低电平，使 PC1 次级光敏晶体管一直处于导通状态，室内机接收光耦合器 PC2 的①脚恒为直流 24V，为室外机 CPU 发送信号提供先决条件。

若室外机 CPU 发送的脉冲通信信号为低电平，发送光耦合器 PC02 初级发光二极管得到电压，使得次级光敏晶体管导通，通信环路闭合，室内机接收光耦合器 PC2 初级也得到驱动电压，次级光敏晶体管导通，室内机 CPU㊶脚经 PC2 次级接地，电压为低电平。

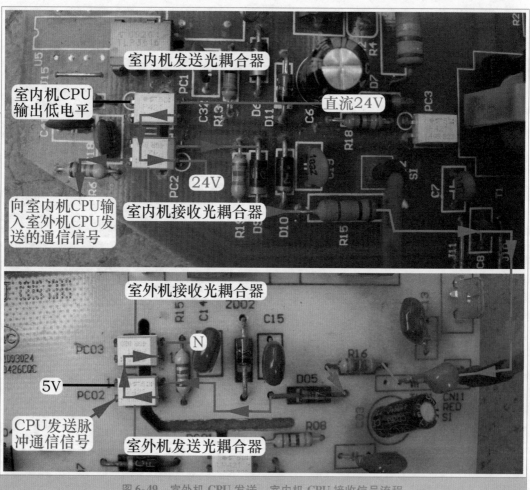

图 6-49 室外机 CPU 发送、室内机 CPU 接收信号流程

当室外机 CPU 发送的脉冲通信信号为高电平时，PC02 初级两端的电压为 0V，次级光敏晶体管截止，通信环路断开，室内机接收光耦合器 PC2 初级无驱动电压，次级截止，5V 电压经电阻 R6 为 CPU㊶脚供电，电压为高电平。

由此可见，室内机 CPU㊶脚即通信信号接收引脚电压的变化，由室外机 CPU㉓脚即通信信号发送引脚的电压决定。根据以上原理，实现了室外机 CPU 发送信号、室内机 CPU 接收信号的过程。

三、　通信电压跳变范围

室内机和室外机 CPU 输出的通信信号均为脉冲电压，通常在 0～5V 之间变化。光耦合器初级发光二极管的电压也是时有时无，有电压时次级光敏晶体管导通，无电压时次级光敏晶体管截止，通信回路由于光耦合器次级光敏晶体管的导通与截止，工作时也是时而闭合时而断开，因而通信回路工作电压为跳动变化的电压。

测量通信电路电压时，使用万用表直流电压档，黑表笔接 N 端子，红表笔接 SI 端子。根据图 6-43 的通信电路简图，可得出以下结果。

1）室内机发送光耦合器 RC1 次级光敏晶体管截止，室外机发送光耦合器 PC1 次级光敏晶体管导通，直流 24V 电压供电断开，此时 N 与 SI 端子电压为直流 0V。

2）RC1 次级导通，PC1 次级导通，此时相当于直流 24V 电压对串联的 R_N 和 R_W 电阻进行分压。在海信 KFR-26GW/11BP 的通信电路中，$R_N = R_{15} = 3k\Omega$，$R_W = R_{16} = 4.7k\Omega$，此时测量 N 与 SI 端子的电压相当于测量 R_W 两端的电压，根据分压公式 $R_W/(R_N + R_W) \times 24V$ 可计算得出，约等于 15V。

3）RC1 次级导通，PC1 次级截止，此时 N 与 SI 端子电压为直流 24V。

根据以上结果得出的结论是：测量通信回路电压即 N 与 SI 端子，理论的通信电压变化范围为 0V～15V～24V，但是实际测量时，由于光耦合器次级光敏晶体管导通与截止的转换频率非常快，见图 6-50，万用表显示值通常在 0V～15V～22V 之间变化。

图 6-50　测量通信电路 N 与 SI 端子电压

第七章

变频空调器室外机电路

Chapter 7

本章以海信 KFR-26GW/11BP 室外机为基础，介绍变频空调器室外机系统组成、单元电路作用。如本章中无特别注明，所有空调器型号均默认为海信 KFR-26GW/11BP。

第一节 基础知识

一、 室外机电控系统组成

图 7-1 为室外机电控系统的电气接线图，图 7-2 为实物图（不含端子排、电感线圈 A、压缩机、室外风机和滤波器等体积较大的元器件）。

从图 7-2 上可以看出，室外机电控系统由室外机主板（控制板）、模块板（IPM 模块板）、滤波器、整流硅桥（电流硅桥）、电感线圈 A、电容、滤波电感（电感线圈 B）、压缩机、压缩机顶盖温度开关（压缩机热保护器）、室外风机（风扇电机）、四通阀线圈、室外环温传感器（外气）、室外管温传感器（盘管）、压缩机排气传感器（排气）和端子排组成。

图 7-3 为室外机主板电路原理图，图 7-4 为模块板电路原理图。

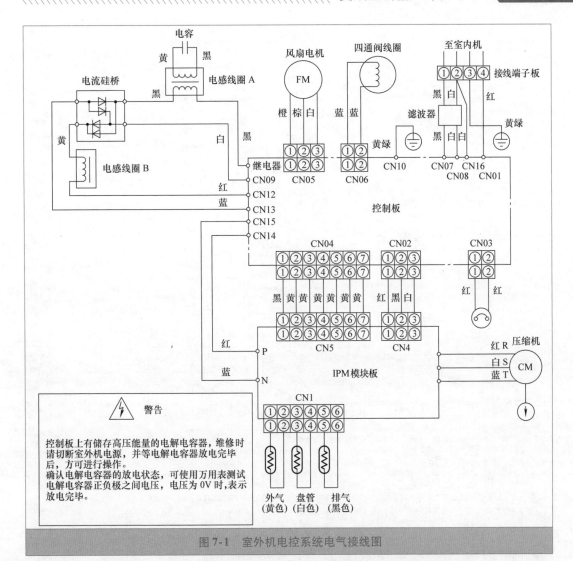

图 7-1 室外机电控系统电气接线图

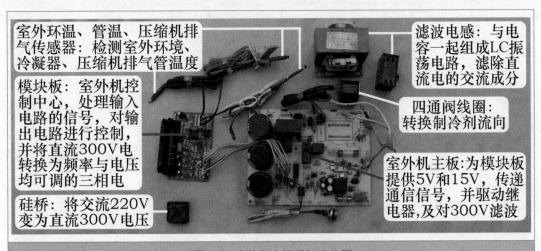

图 7-2 室外机电控系统实物图

197

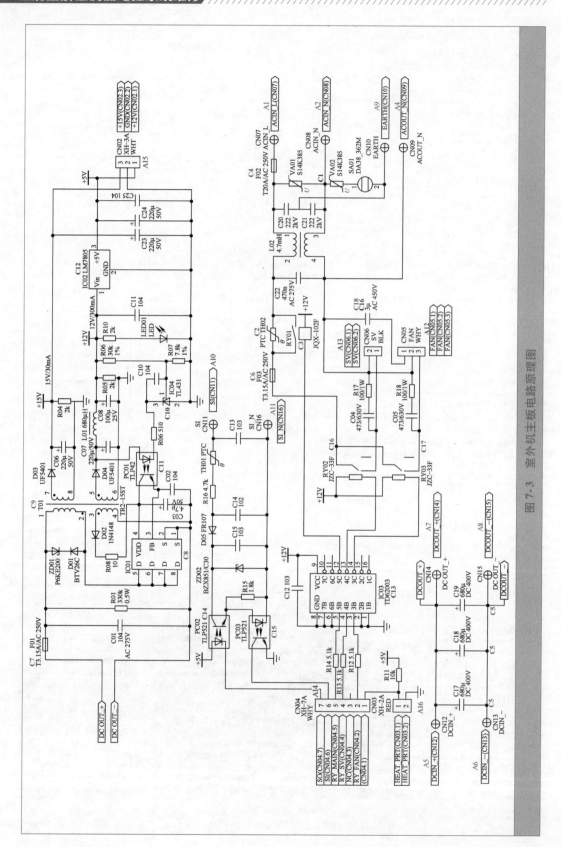

图 7-3 室外机主板电路原理图

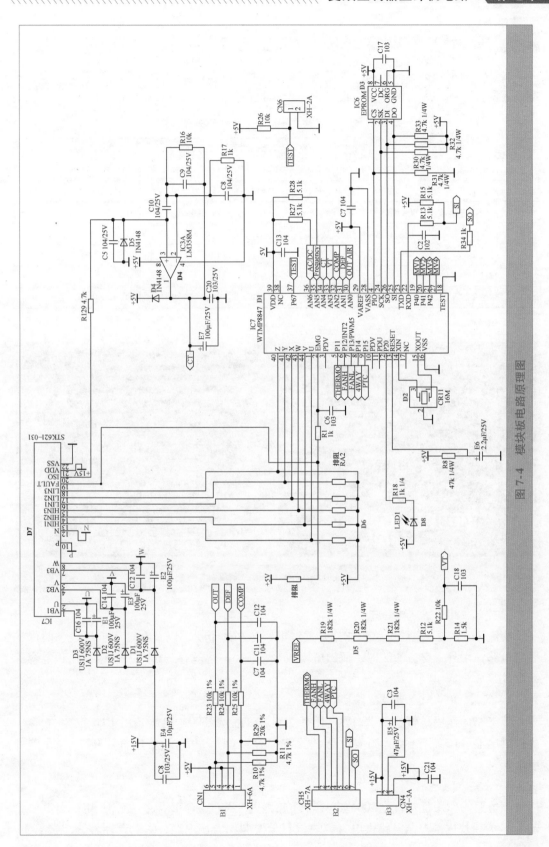

图7-4　模块板电路原理图

二、 室外机单元电路中的主要电子元器件

表7-1为室外机主板和模块板上主要电子元器件明细，图7-5左图为室外机主板主要电子元器件，图7-5右图为模块板主要电子元器件。

表7-1 室外机主板和模块板主要电子元器件明细

标号	元 器 件	标号	元 器 件	标号	元 器 件	标号	元 器 件
C1	压敏电阻	C8	开关电源集成电路	C15	接收光耦合器	D4	LM358
C2	PTC 电阻	C9	开关变压器	C16	室外风机继电器	D5	取样电阻
C3	主控继电器	C10	TL431	C17	四通阀线圈继电器	D6	排阻
C4	15A 熔丝管	C11	稳压光耦合器	C18	风机电容	D7	模块
C5	滤波电容	C12	7805 稳压块	D1	CPU	D8	发光二极管
C6	3.15A 熔丝管	C13	反相驱动器	D2	晶振	D9	二极管
C7	3.15A 熔丝管	C14	发送光耦合器	D3	存储器	D10	电容

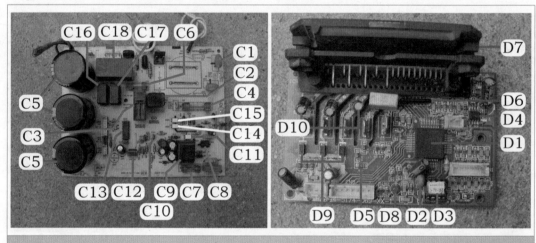

图7-5 室外机主板、模块板主要电子元器件

1. 交流 220V 输入电压电路

交流 220V 输入电压电路的作用是过滤电网带来的干扰，以及在输入电压过高时保护后级电路，由外置交流滤波器、压敏电阻（C1）、15A 熔丝管（C4）、电感线圈和电容等元器件组成。

2. 直流 300V 电压形成电路

该电路的作用是将交流 220V 电压变为纯净的直流 300V 电压，由 PTC 电阻（C2）、主控继电器（C3）、硅桥、滤波电感、滤波电容（C5）和 15A 熔丝管（C4）等元器件组成。

3. 开关电源电路

该电路的作用是将直流 300V 电压转换成直流 15V、直流 12V、直流 5V 电压，其中直流 15V 为模块内部控制电路供电（模块设有 15V 自举升压电路，主要元器件为二极管 D9

和电容 D10），直流 12V 为继电器和反相驱动器供电，直流 5V 为 CPU 等供电。开关电源电路设计在室外机主板上，主要由 3.15A 熔丝管（C7）、开关电源集成电路（C8）、开关变压器（C9）、稳压光耦合器（C11）、稳压取样集成块 TL431（C10）和 5V 电压产生电路 7805（C12）等元器件组成。

4. CPU 及其三要素电路

CPU（D1）是室外机电控系统的控制中心，处理输入部分电路的信号后对负载进行控制；CPU 三要素电路是 CPU 正常工作的前提，由复位电路和晶振（D2）等元器件组成。

5. 存储器电路

存储器电路存储相关参数，供 CPU 运行时调取使用，主要元器件为存储器（D3）。

6. 传感器电路

传感器电路为 CPU 提供温度信号。室外环温传感器检测室外环境温度，室外管温传感器检测冷凝器温度，压缩机排气传感器检测压缩机排气管温度，压缩机顶盖温度开关检测压缩机顶部温度是否过高。

7. 电压检测电路

电压检测电路向 CPU 提供输入市电电压的参考信号，主要元器件为取样电阻（D5）。

8. 电流检测电路

电流检测电路向 CPU 提供压缩机运行电流信号，主要元器件为电流放大集成电路 LM358（D4）。

9. 通信电路

通信电路与室内机主板交换信息，主要元器件为发送光耦合器（C14）和接收光耦合器（C15）。

10. 主控继电器电路

滤波电容充电完成后，主控继电器（C3）触点闭合，短路 PTC 电阻。驱动主控继电器线圈的器件为 2003 反相驱动器（C13）。

11. 室外风机电路

室外风机电路控制室外风机运行，主要由风机电容（C18）、室外风机继电器（C16）和室外风机等元器件组成。

12. 四通阀线圈电路

四通阀线圈电路控制四通阀线圈供电与失电，主要由四通阀线圈继电器（C17）等元器件组成。

13. 6 路信号电路

6 路信号控制模块内部 6 个 IGBT 开关管的导通与截止，使模块产生频率与电压均可调的模拟三相交流电，6 路信号由室外机 CPU 输出，直接连接模块的输入引脚，设有排阻（D6）。

14. 模块保护信号电路

模块保护信号由模块输出，直接送至室外机 CPU 相关引脚。

15. 指示灯电路

指示灯电路的作用是指示室外机的工作状态，主要元器件为发光二极管（D8）。

第二节　单元电路

本节介绍海信 KFR-26GW/11BP 室外机的单元电路，图 7-6 为室外机单元电路框图，左侧为输入部分电路，右侧为输出部分电路。

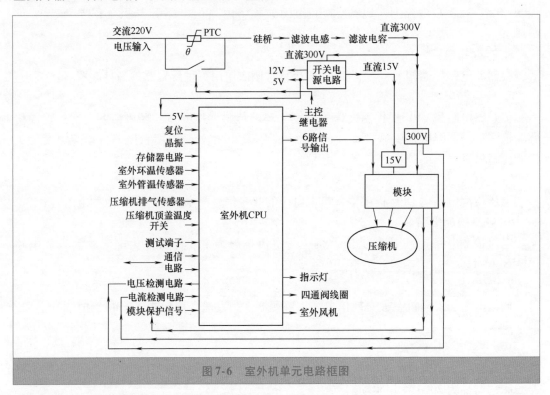

图 7-6　室外机单元电路框图

一、交流输入电路

图 7-7 为交流输入电路和直流 300V 电压形成电路的原理图，图 7-8 为交流输入电路实物图。

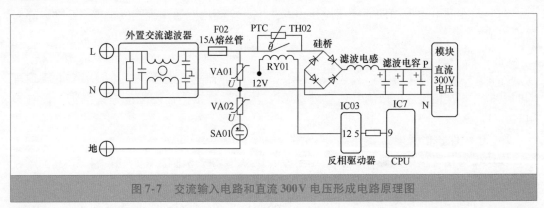

图 7-7　交流输入电路和直流 300V 电压形成电路原理图

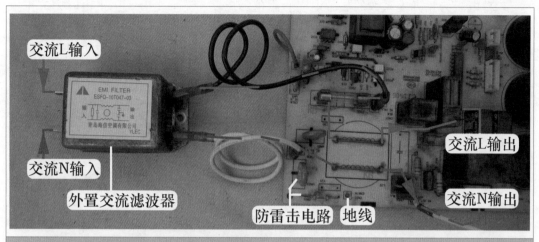

图 7-8 交流输入电路实物图

外置的交流滤波器具有双向作用,既能吸收电网中的谐波,防止对电控系统的干扰,又能防止电控系统的谐波进入电网;压敏电阻 VA01 为过电压保护元件,当输入的电网电压过高时击穿,使前端 15A 熔丝管 F02 熔断进行保护;SA01、VA02 组成防雷击保护电路,SA01 为放电管。

常见故障为外置的交流滤波器内部电感开路,交流 220V 电压不能输送至后级,造成室外机上电无反应故障。

二、 直流 300V 电压形成电路

直流 300V 电压为开关电源电路和模块供电,而模块的输出电压为压缩机供电,因而直流 300V 电压间接为压缩机供电,因此直流 300V 电压形成电路工作在大电流状态,电路原理图见图 7-7。

该电路的主要元器件为硅桥和滤波电容,硅桥将交流 220V 电压整流后变为脉动直流 300V 电压,而滤波电容将脉动直流 300V 电压经滤波后变为平滑的直流 300V 电压为模块供电。滤波电容的容量通常很大(本机容量为 1500μF),上电时如果直接为其充电,初始充电电流会很大,容易造成空调器插头与插座间打火,甚至引起整流硅桥或 15A 熔丝管损坏,因此变频空调器室外机电控系统设有延时防瞬间大电流充电电路,本机由 PTC 电阻 TH02 和主控继电器 RY01 组成。

直流 300V 电压形成电路工作时分为两部分,第一部分为初始充电电路,第二部分为正常工作电路。

1. 初始充电

初始充电时的工作流程见图 7-9。

室内机主板主控继电器触点闭合为室外机供电时,交流 220V 电压中 N 端经交流滤波器直接送至硅桥交流输入端,L 端经交流滤波器和 15A 熔丝管至延时防瞬间大电流充电电路,由于主控继电器触点为断开状态,因此 L 端电压经 PTC 电阻送至硅桥交流输入端。

　　PTC 电阻为正温度系数的热敏电阻，阻值随温度上升而上升，刚上电时因充电电流很大使 PTC 电阻温度迅速升高，阻值也随之增加，限制了滤波电容的充电电流，使得滤波电容两端电压逐步上升至直流 300V，防止由于充电电流过大而损坏硅桥的情况。

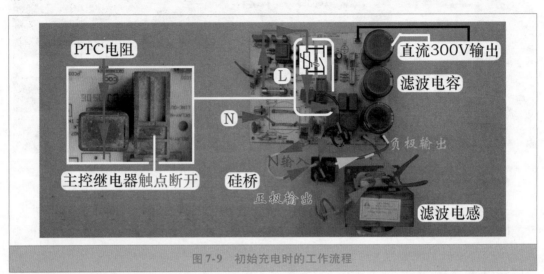

图 7-9　初始充电时的工作流程

2. 正常运行

　　正常运行时的工作流程见图 7-10。

　　滤波电容两端的直流 300V 电压一路送到模块的 P、N 端子，一路送到开关电源电路，开关电源电路开始工作，输出支路中的其中一路输出直流 12V 电压，经 7805 稳压块后变为稳定的直流 5V，为室外机 CPU 供电，在三要素电路的作用下 CPU 工作，其⑨脚输出高电平 5V 电压，经反相驱动器 IC03 反相放大，其输出端为低电平，线圈两端电压为直流 11.2V 使得触点闭合，L 端电压经触点直接送至硅桥的交流输入端，PTC 电阻退出充电电路，空调器开始正常工作。

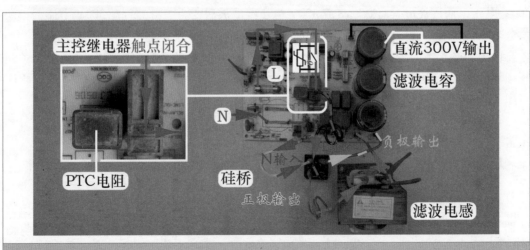

图 7-10　正常运行的工作流程

三、 电源电路

1. 作用

本机使用开关电源电路，电路简图见图7-11，开关电源电路也可称为电压转换电路，就是将输入的直流300V电压转换为直流12V和5V为主板CPU等负载供电，以及转换为直流15V电压为模块内部控制电路供电。

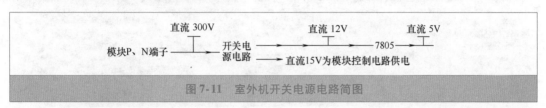

图7-11 室外机开关电源电路简图

2. 工作原理

图7-12为开关电源电路原理图，图7-13为实物图，作用是为室外机主板和模块板提供直流15V、12V、5V电压。

（1）直流300V电压

滤波器、PTC电阻、主控继电器触点、硅桥、滤波电感和滤波电容组成直流300V电压产生电路，输出的直流300V电压主要为模块P、N端子供电，开关电源电路工作所需的直流300V电压就是取自模块P、N端子。

模块输出供电，使压缩机工作，处于低频运行时模块P、N端电压约直流300V；压缩机如升频运行，P、N端子电压会逐步下降，压缩机在最高频率运行时P、N端子电压实测约240V，因此室外机开关电源电路供电在直流240~300V之间。

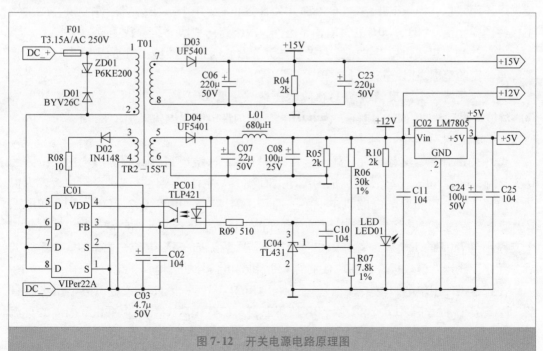

图7-12 开关电源电路原理图

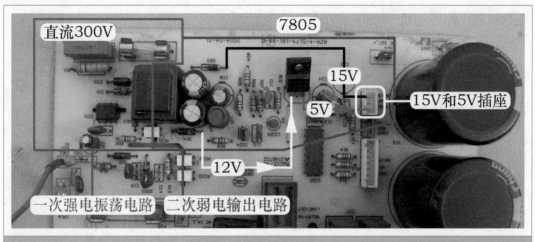

图7-13　开关电源电路实物图

（2）开关振荡电路

以开关电源集成电路VIPer22A（主板代号IC01）为核心，内置振荡电路和场效应开关管，振荡开关频率固定，通过改变脉冲宽度来调整占空比。其采用反激式开关方式，电网的干扰就不能经开关变压器直接耦合至二次绕组，具有较好的抗干扰能力。

直流300V电压正极经开关变压器一次供电绕组送至集成电路IC01的⑤～⑧脚，接内部开关管漏极D；负极接IC01的①、②脚，和内部开关管源极S相通。IC01内部振荡器开始工作，驱动开关管的导通与截止，由于开关变压器T01一次绕组与二次绕组极性相反，IC01内部开关管导通时一次绕组存储能量，二次绕组因整流二极管D03、D04承受反向电压而截止，相当于开路；U6内部开关管截止时，T01一次绕组极性变换，二次绕组极性同样变换，D03、D04正向偏置导通，一次绕组向二次绕组释放能量。

ZD01、D01组成钳位保护电路，吸收开关管截止时加在漏极D上的尖峰电压，并将其降至一定的范围之内，防止过电压损坏开关管。

开关变压器一次侧反馈绕组的感应电压经二极管D02整流、电阻R08限流和电容C03滤波，得到约直流20V电压，为IC01的④脚内部电路供电。

（3）输出部分电路

IC01内部开关管交替导通与截止，开关变压器二次绕组得到高频脉冲电压。一路经D03整流，电容C06、C23滤波，成为纯净的直流15V电压，经连接线送至模块板，为模块的内部控制电路和驱动电路供电。另一路经D04整流，电容C07、C08、C11和电感L01滤波，成为纯净的直流12V电压，为室外机主板的继电器和反相驱动器供电；其中一个支路送至7805的①脚输入端，其③脚输出端输出稳定的5V电压，由C24、C25滤波后，经连接线送至模块板，为模块板上的CPU和弱电信号处理电路供电。

注：本机使用单电源模块（型号为三洋STK621-031），因此开关电源只输出1路直流15V电压；而海信KFR-2601GW/BP使用三菱第二代模块，需要4路相互隔离的直流15V电压，因此其室外机开关电源电路输出4路直流15V电压。

（4）稳压电路

稳压电路采用脉宽调制方式，由分压精密电阻 R06 和 R07、三端误差放大器 IC04（TL431）、光耦合器 PC01 和 IC01 的③脚组成。

如因输入电压升高或负载发生变化引起直流 12V 电压升高，分压电阻 R06 和 R07 的分压点电压升高，TL431 的①脚参考极电压也相应升高，内部晶体管导通能力加强，TL431 的③脚阴极电压降低，光耦合器 PC01 初级两端电压上升，使得次级光敏晶体管导通能力加强，IC01 的③脚电压上升，IC01 通过减少开关管的占空比，开关管导通时间缩短而截止时间延长，开关变压器存储的能量变小，输出电压也随之下降。

如直流 12V 输出电压降低，TL431 的①脚参考极电压降低，内部晶体管导通能力变弱，TL431 的③脚阴极电压升高，光耦合器 PC01 初级发光二极管两端电压降低，次级光敏晶体管导通能力下降，IC01 的③脚电压下降，IC01 通过增加开关管的占空比，开关变压器存储能量增加，输出电压也随之升高。

（5）输出电压直流 12V

输出电压直流 12V 的高低，由分压电阻 R06、R07 的阻值决定，调整分压电阻阻值即可改变直流 12V 输出端电压，直流 15V 也做相应变化。

3. 电源电路负载

（1）直流 12V

直流 12V 主要有 3 个支路：①5V 电压产生电路 7805 稳压块的①脚输入端；②2003 反相驱动器；③继电器线圈，见图 7-14 左图。

（2）直流 15V

直流 15V 主要为模块内部控制电路供电，见图 7-14 右图中黑线。

（3）直流 5V

直流 5V 主要有 6 个支路：①CPU；②复位电路；③传感器电路；④存储器电路；⑤通信电路光耦合器；⑥其他弱电信号处理电路，见图 7-14 右图中粉红线。

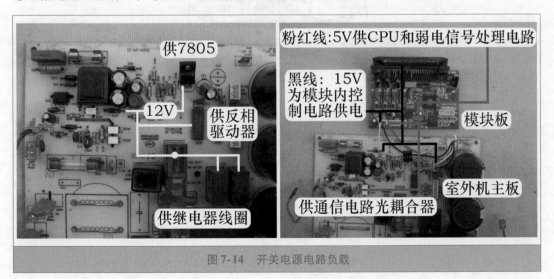

图 7-14 开关电源电路负载

四、 CPU 及其三要素电路

1. CPU 简介

CPU 是主板上体积最大、引脚最多、功能最强大的集成电路，也是整个电控系统的控制中心，内部写入了运行程序（或工作时调取存储器中的程序）。

室外机 CPU 工作时与室内机 CPU 交换信息，并结合温度、电压、电流等输入部分的信号，处理后输出 6 路信号驱动模块控制压缩机运行，输出电压驱动继电器对室外风机和四通阀线圈进行控制，并控制指示灯显示室外机的运行状态。

本机室外机 CPU 型号为 88CH47FG，主板代号 IC7，共有 44 个引脚在四面引出，采用贴片封装。图 7-15 为 88CH47FG 的实物外形，表 7-2 为其主要引脚功能。

本机 CPU 安装在模块板上面，相应的弱电信号处理电路也设计在模块板上面，主要原因是模块内部的驱动电路改用专用芯片，无需绝缘光耦合器，可直接接收 CPU 输出的控制信号。

➡ 说明：早期模块如 PM20CTM060，使用在海信 KFR-2601GW/BP 等机型中，内部的驱动电路不能直接接收 CPU 输出的 6 路信号，信号传递需要使用光耦合器，因此 CPU 和模块设计在两块电路板上面，CPU 安装在室外机主板，模块和光耦合器整合为模块板。

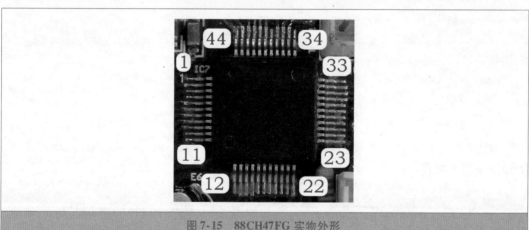

图 7-15 88CH47FG 实物外形

表 7-2 88CH47FG 主要引脚功能

引　　脚	英文符号	功　　能	说　　明
㊴	VDD	电源	
⑯	VSS	地	
⑭	OSC1		CPU 三要素电路
⑮	OSC2	16MHz 晶振	
⑬	RESET	复位	
④	CS	片选	
㉔	SCK	时钟	存储器电路（93C46）

（续）

引　脚	英文符号	功　能	说　明
㉖	SO	命令输出	存储器电路（93C46）
㉕	SI	数据输入	
㉒	SI 或 RXD	接收信号	通信电路
㉓	SO 或 TXD	发送信号	
㉚	GAIKI	室外环温传感器	输入部分电路
㉛	COIL	室外管温传感器	
㉜	COMP	压缩机排气传感器	
⑤	THERMO	压缩机顶盖温度开关	
㉝	VT	过/欠电压检测	
㉞	CT	电流检测	
㊲	TEST	应急检测端子	
②	FO	模块保护信号输入	
㊵ ～ ㊹、①	U、V、W、X、Y、Z	6 路信号输出	输出部分电路
⑨		主控继电器	
⑧	SV 或 4V	四通阀线圈	
⑥、⑦	FAN	室外风机	
⑫	LED	指示灯	

2. CPU 三要素电路工作原理

图 7-16 为 CPU 三要素电路原理图，图 7-17 为实物图。电源、复位和时钟振荡电路称为三要素电路，是 CPU 正常工作的前提，缺一不可，否则会死机，引起空调器上电后室外机无反应的故障。

（1）电源电路

开关电源电路设计在室外机主板，直流 5V 和 15V 电压由三芯连接线通过 CN4 插座为模块板供电。CN4 的 1 针接红线为 5V，2 针接黑线为地，3 针接白线为 15V。

CPU㊴脚是电源供电引脚，供电由 CN4 的 1 针直接提供。

CPU⑯脚为接地引脚，和 CN4 的 2 针相连。

（2）复位电路

复位电路使内部程序处于初始状态。本机未使用复位集成电路，而使用简单的 RC 元件组成复位电路。CPU⑬脚为复位引脚，电阻 R8 和电容 E6 组成低电平复位电路。

室外机上电，开关电源电路开始工作，直流 5V 电压经电阻 R8 为 E6 充电，开始时 CPU⑬脚电压较低，使 CPU 内部电路清零复位。随着充电的进行，E6 电压逐渐上升，当 CPU⑬脚电压上升至供电电压 5V 时，CPU 内部电路复位结束开始工作。改变电容 E6 的容量可调整复位时间。

（3）时钟振荡电路

时钟振荡电路提供时钟频率。CPU⑭、⑮脚为时钟引脚，内部振荡器电路与外接的晶振 CR11 组成时钟振荡电路，提供稳定的 16MHz 时钟信号，使 CPU 能够连续执行指令。

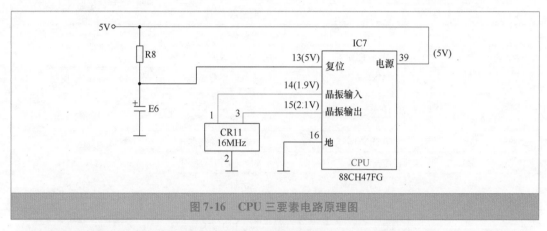

图 7-16　CPU 三要素电路原理图

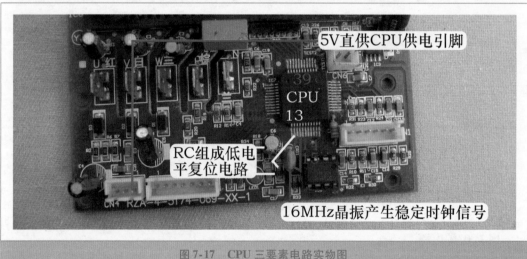

图 7-17　CPU 三要素电路实物图

五、 存储器电路

图 7-18 为存储器电路原理图，图 7-19 为实物图，该电路的作用是向 CPU 提供工作时所需要的数据。

存储器内部存储室外机运行程序、压缩机 *U/f* 值、电流和电压保护值等数据，CPU工作时调取存储器的数据对室外机电路进行控制。

CPU 需要读写存储器的数据时，④脚变为高电平 5V，片选存储器 IC6 的①脚，㉔脚向 IC6 的②脚发送时钟信号，㉖脚将需要查询数据的指令输入到 IC6 的③脚，㉕脚读取IC6④脚反馈的数据。

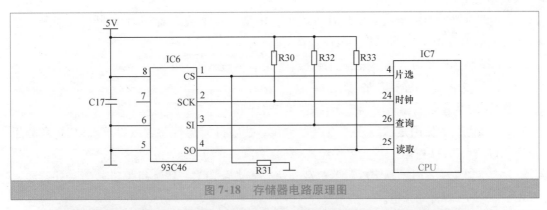

图7-18   存储器电路原理图

图7-19   存储器电路实物图

六、 传感器电路

传感器电路向室外机CPU提供室外环境温度、室外冷凝器温度和压缩机排气管温度3种温度信号。

1. 安装位置与作用

（1）室外环温传感器电路

图7-20为室外环温传感器安装位置和实物外形。

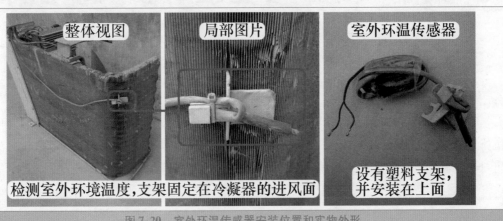

图7-20   室外环温传感器安装位置和实物外形

1）该电路的作用是检测室外环境温度，由室外环温传感器（25℃/5kΩ）和分压电阻 R10（4.7kΩ 电阻）等元器件组成。

2）在制热模式时，与室外管温传感器温度组成进入除霜的条件。

（2）室外管温传感器电路

图 7-21 为室外管温传感器安装位置和实物外形。

1）该电路的作用是检测室外冷凝器温度，由室外管温传感器（25℃/5kΩ）和分压电阻 R11（4.7 kΩ 电阻）等元器件组成。

2）在制冷模式时，判定冷凝器过载。室外管温≥70℃，压缩机停机；当室外管温≤50℃时，3min 后自动开机。

3）在制热模式时，与室外环温传感器温度组成进入除霜的条件。空调器运行一段时间（约40min），室外环温 >3℃时，室外管温≤ -3℃，且持续 5min；或室外环温 <3℃时，室外环温 - 室外管温≥7℃，且持续 5min。

4）在制热模式时，判断退出除霜的条件。当室外管温 >12℃时或压缩机运行时间超过 8min。

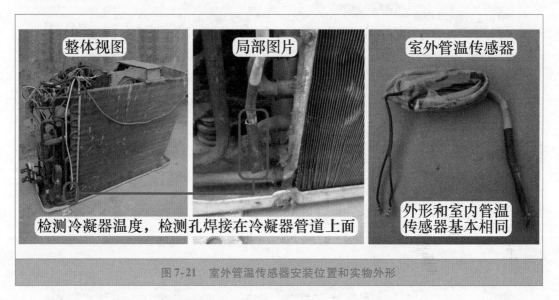

图 7-21　室外管温传感器安装位置和实物外形

（3）压缩机排气传感器电路

图 7-22 为压缩机排气传感器安装位置和实物外形。

1）该电路的作用是检测压缩机排气管温度，由压缩机排气传感器（25℃/65kΩ）和分压电阻 R29（20kΩ 电阻）等元器件组成。

2）在制冷和制热模式时，压缩机排气管温度≤93℃，压缩机正常运行；93℃ <压缩机排气管温度 <115℃，压缩机运行频率被强制设定在规定的范围内或者降频运行；压缩机排气管温度 >115℃，压缩机停机；只有当压缩机排气管温度下降到≤90℃时，才能再次开机运行。

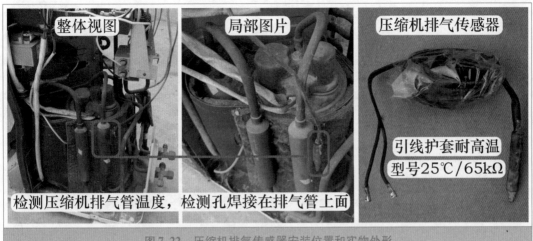

图 7-22　压缩机排气传感器安装位置和实物外形

2. 工作原理

图 7-23 为传感器电路原理图，图 7-24 为实物图，该电路的作用是向室外机 CPU 提供温度信号，室外环温传感器检测室外环境温度，室外管温传感器检测冷凝器温度，压缩机排气传感器检测压缩机排气管温度。

CPU 的30脚检测室外环温传感器温度，31脚检测室外管温传感器温度，32脚检测压缩机排气传感器温度。

传感器为负温度系数（NTC）热敏电阻，室外机 3 路传感器工作原理相同，均为传感器与偏置电阻组成分压电路。以压缩机排气传感器电路为例，如压缩机排气管由于某种原因温度升高，压缩机排气传感器温度也相应升高，其阻值变小，根据分压电路原理，分压电阻 R29 分得的电压也相应升高，输送到 CPU32脚的电压升高，CPU 根据电压值计算出压缩机排气管的实际温度，与内置的程序相比较，对室外机电路进行控制，假如计算得出的温度大于 100℃，则控制压缩机降频，如大于 115℃ 则控制压缩机停机，并将故障代码通过通信电路传送到室内机主板 CPU。

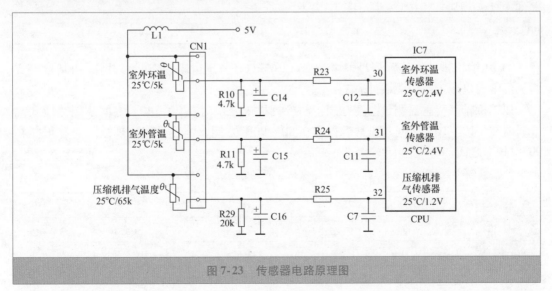

图 7-23　传感器电路原理图

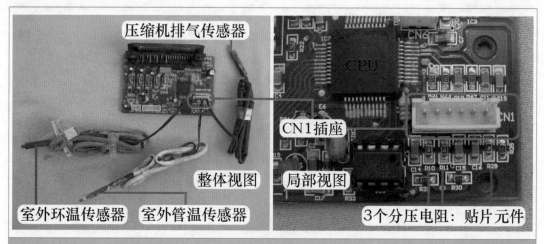

图 7-24　传感器电路实物图

3. 传感器温度与电压对应关系

1）海信空调器室外环温传感器与室外管温传感器的型号通常为 25℃/5kΩ，分压电阻阻值为 4.7kΩ 或 5.1kΩ，制冷和制热模式常见温度与电压的对应关系见表 7-3。

室外环温传感器测量温度范围，制冷模式在 20~40℃ 之间，制热模式在 -10~10℃ 之间。

室外管温传感器测量温度范围，制冷模式在 20~70℃ 之间（包括未开机时），制热模式在 -15~10℃ 之间（包括未开机时）。

➡ 说明：室外环温与室外管温传感器的型号和分压电阻阻值均相同，因此在未开机时测量插座分压点电压应相等或接近。

表 7-3　室外环温、管温传感器温度与电压对应关系

温度/℃	-10	-5	0	5	20	25	35	50	70
阻值/kΩ	23.9	18.8	15	12	6.4	5	3.6	2.1	1.1
CPU 电压/V	0.82	1	1.2	1.4	2.1	2.4	2.8	3.4	4

2）压缩机排气传感器型号通常为 25℃/65kΩ，分压电阻为 20kΩ，制冷和制热模式常见温度与电压的对应关系见表 7-4。

压缩机排气传感器测量温度范围，制冷模式未开机时在 20~40℃ 之间，制热模式未开机时在 -10~10℃ 之间，正常运行时在 80~90℃ 之间，制冷系统出现故障时有可能在 90~110℃ 之间。

表 7-4　压缩机排气传感器温度与电压对应关系

温度/℃	-5	5	25	35	80	90	95	100	110
阻值/kΩ	241	146	65	37.8	7.1	5.1	4.4	3.7	2.7
CPU 电压/V	0.3	0.6	1.2	1.7	3.6	4	4.1	4.2	4.4

七、　压缩机顶盖温度开关电路

1. 作用

压缩机运行时壳体温度如果过高，内部机械部件会加剧磨损，压缩机线圈绝缘层容易因过热击穿发生短路故障。室外机 CPU 检测压缩机排气传感器温度，如果高于 90℃ 则会控制压缩机降频运行，使温度降到正常范围以内。

为防止压缩机过热，室外机电控系统还设有压缩机顶盖温度开关作为第二道保护，安装位置和实物外形见图 7-25，作用是即使压缩机排气传感器损坏，压缩机运行时如果温度过高，室外机 CPU 也能通过顶盖温度开关检测。

顶盖温度开关检测压缩机顶部温度，正常情况温度开关闭合，对室外机电路运行没有影响；当压缩机顶部温度超过 115℃ 时，温度开关断开，室外机 CPU 检测后控制压缩机停止运行，并通过通信电路将信息传送至室内机主板 CPU，报出"压缩机过热"的故障代码。

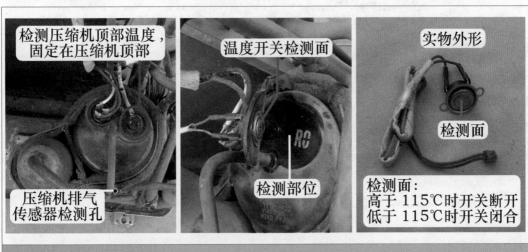

图 7-25　压缩机顶盖温度开关安装位置和实物外形

2. 工作原理

图 7-26 为压缩机顶盖温度开关电路原理图，图 7-27 为实物图，该电路的作用是检测压缩机顶盖温度开关状态，温度开关安装在压缩机顶部接线端子附近，用于检测顶部温度，作为压缩机的第二道保护。

温度开关插座设计在室外机主板上，CPU 安装在模块板上，温度开关通过连接线中的 1 号线连接至 CPU 的⑤脚，CPU 根据引脚电压为高电平或低电平，检测温度开关的状态。

制冷系统工作正常时温度开关为闭合状态，CPU⑤脚接地，为低电平 0V，对电路没有影响；如果运行时压缩机排气传感器失去作用或其他原因，使得压缩机顶部温度大于 115℃，温度开关断开，5V 经 R11 为 CPU⑤脚供电，电压由 0V 变为高电平 5V，CPU 检测后立即控制压缩机停机，并将故障代码通过通信电路传送至室内机 CPU。

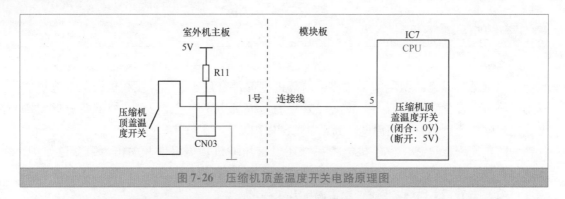

图 7-26　压缩机顶盖温度开关电路原理图

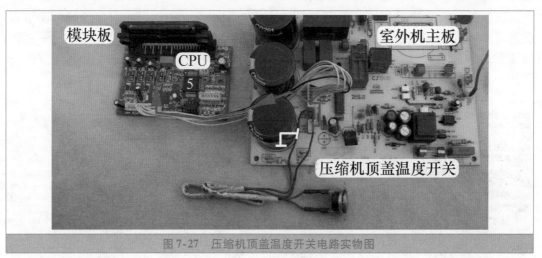

图 7-27　压缩机顶盖温度开关电路实物图

3. 常见故障

　　该电路的常见故障是温度开关在静态（即压缩机未起动）时为断开状态，引起室外机不能运行的故障。检测时使用万用表电阻档测量引线插头，见图 7-28，正常阻值为 0Ω；如果测量结果为无穷大，则为温度开关损坏，应急时可将引线剥开，直接短路使用，等有配件时再更换。

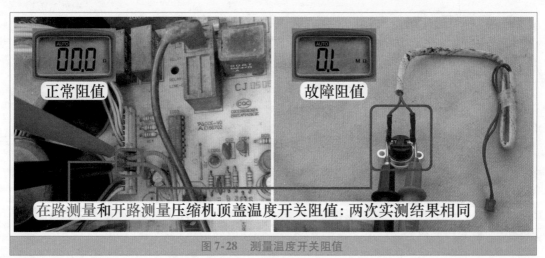

图 7-28　测量温度开关阻值

八、 测试端子

1. 测试功能

模块板上的 CN6 为测试端子插座，作用是在无室内机电控系统时，可以单独检测室外机电控系统运行是否正常。方法是在室外机接线端子处断开室内机的连接线，使用连接线（或使用螺钉旋具头等金属物）短路插座的两个端子，然后再通上电源，室外机电控系统不再检测通信信号并强制开机，压缩机定频运行，室外风机运行，四通阀线圈上电，空调器工作在制热模式；如果断开 CN6 插座的短接线，四通阀线圈断电，压缩机延时 50s 后运行，室外风机不间断运行，空调器改为制冷模式；断开电源，空调器停止运行。

2. 工作原理

图 7-29 为测试端子电路原理图，图 7-30 为实物图。CPU㊲脚为测试引脚，正常时由 5V 电压经电阻 R26 供电，为高电平 5V；如果使用测试功能短路 CN6 两个引针时，引脚接地，为低电平 0V。

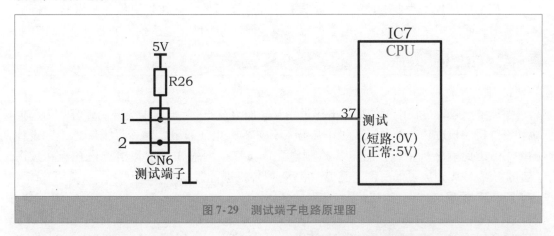

图 7-29 测试端子电路原理图

图 7-30 测试端子电路实物图

室外机上电，CPU 上电复位结束开始工作，首先检测㉧脚电压，如果为高电平 5V，则控制处于待机状态，根据通信信号接收引脚的信息，按室内机 CPU 输出的命令对室外机进行控制；如果为低电平 0V，则不再检测通信信号，按测试功能控制室外机。

3. 使用技巧

1）如果使用室内机输出的电源供电，在室外机接线端子处只断开通信线，短路 CN6 插座引针，遥控器开机，室内机输出交流电源，室外机同样按测试功能工作，只不过由于室内机 CPU 接收不到室外机 CPU 反馈的通信信号，约 2min 后即断开室外机的供电。

2）如故障表现为开机后室外机不运行，在确认室内机正常的前提下，使用测试功能可以大致判断室外机通信电路是否正常。如果使用测试功能室外机能够按程序工作，则说明室外机通信电路出现故障；如果使用测试功能室外机仍不工作，则说明室外机电控系统出现故障，应检查直流 5V 等电压，根据结果判断故障部位。

3）本机室外机强电电源（直流 300V）"地"和弱电信号（直流 5V）"地"相通，CN6 插座引针"地"为弱电信号地，但同样有电击的危险，使用螺钉旋具头短路 CN6 插座引针时，手应握住塑料柄，上电后严禁触摸金属部分，防止电击伤人的意外情况出现。

九、 电压检测电路

1. 作用

空调器在运行过程中，如输入电压过高，相应直流 300V 电压也会升高，容易引起模块和室外机主板过热、过电流或过电压损坏；如输入电压过低，制冷量下降达不到设计的要求。因此室外机主板设置电压检测电路，CPU 检测输入的交流电源电压，在过高（超过交流 260V）或过低（低于交流 160V）时停机进行保护。

2. 工作原理

图 7-31 为电压检测电路原理图，图 7-32 为实物图，表 7-5 为交流输入电压与 CPU 引脚电压对应关系。该电路的作用是检测输入的交流电源电压，当电压高于交流 260V 或低于 160V 时停机，以保护压缩机和模块等部件。

本机电路未使用电压检测变压器等元器件检测输入的交流电压，而是通过电阻检测直流 300V 母线电压，通过软件计算出实际的交流电压值，参照的原理是交流电压经整流和滤波后，乘以固定的比例（近似 1.36）即为输出直流电压，即交流电压乘以 1.36 即等于直流电压数值。CPU 的㉝脚为电压检测引脚，根据引脚电压值计算出输入的交流电压值。

电压检测电路由电阻 R19 ~ R22、R12、R14 和电容 C4、C18 组成，从图 7-31 可以看出，基本工作原理就是分压电路，取样点就是 P 接线端子上的直流 300V 母线电压，R19 ~ R21、R12 为上偏置电阻，R14 为下偏置电阻，R14 的阻值在分压电路所占的比例为 $1/109[R_{14}(R_{19}+R_{20}+R_{21}+R_{12}+R_{14})]$，即 5.1/（182 + 182 + 182 + 5.1 + 5.1）]，R14 两端电压经电阻 R22 送至 CPU㉝脚，也就是说，CPU㉝脚电压值乘以 109 等于直流电压值，再除以 1.36 就是输入的交流电压值。比如 CPU㉝脚当前电压值为 2.75V，则当前直流电压值为 299V（2.75V×109），当前输入的交流电压值为 220V（299V/1.36）。

压缩机高频运行时，即使输入电压为标准的交流220V，直流300V电压也会下降至直流240V左右；为防止误判，室外机CPU内部数据设有修正程序。

➡ 说明：室外机电控系统使用热地设计，直流300V"地"和直流5V"地"直接相连。

表7-5 CPU引脚电压与交流输入电压对应关系

CPU③③脚直流电压/V	对应P接线端子上直流电压/V	对应输入的交流电压/V	CPU③③脚直流电压/V	对应P接线端子上直流电压/V	对应输入的交流电压/V
1.87	204	150	2	218	160
2.12	231	170	2.2	245	180
2.37	258	190	2.5	272	200
2.63	286	210	2.75	299	220
2.87	312	230	3	326	240
3.13	340	250	3.23	353	260

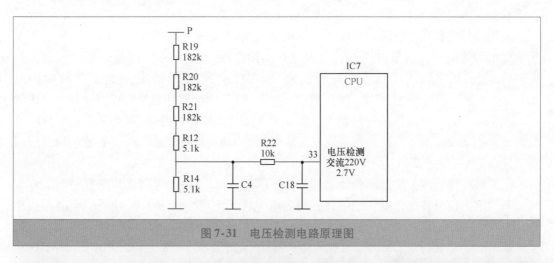

图7-31 电压检测电路原理图

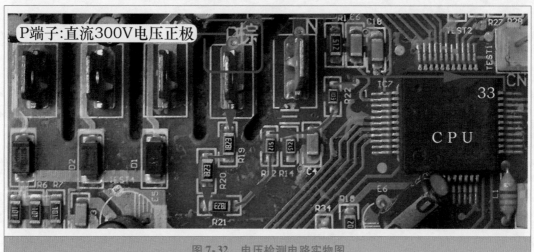

图7-32 电压检测电路实物图

十、 电流检测电路

1. 作用

空调器在运行过程中，由于某种原因（如冷凝器散热不良），引起室外机运行电流（主要是压缩机运行电流）过大，则容易损坏压缩机，因此变频空调器室外机主板均设有电流检测电路，在运行电流过高时进行保护。

2. 工作原理

图 7-33 为电流检测电路原理图，图 7-34 为实物图，表 7-6 为压缩机运行电流与 CPU 引脚电压对应关系。该电路的作用是检测压缩机运行电流，当 CPU 检测值高于设定值（制冷为 10A、制热为 11A）时停机，以保护压缩机和模块等部件。

本机电路未使用电流检测变压器或电流互感器检测交流供电引线的电流，而是模块内部取样电阻输出的电压，将电流信号转化为电压信号并放大，供 CPU 检测。

电流检测电路由模块⑳脚、IC3（LM358）、滤波电容 E7 等主要元器件组成，CPU 的㉞脚检测电流信号。

模块内部设有取样电阻，将模块工作电流（可以理解为压缩机运行电流）转化为电压信号由⑳脚输出，由于电压值较低，没有直接送至 CPU 处理，而是送至运算放大器 IC3（LM358）的③脚同相输入端进行放大，IC3 将电压放大 10 倍（放大倍数由电阻 R16/R17阻值决定），由①脚输出至 CPU 的㉞脚，CPU 内部软件根据电压值计算出对应的压缩机运行电流，对室外机进行控制。假如 CPU 根据电压值计算出当前压缩机运行电流在制冷模式下大于 10A，判断为"过电流故障"，控制室外机停机，并将故障代码通过通信电路传送至室内机 CPU。

本机模块由日本三洋公司生产，型号为 STK621-031，内部⑳脚集成取样电阻，将模块运行的电流信号转化为电压信号，万用表电阻档实测模块⑳脚与 N 接线端子的阻值小于 1Ω（近似 0Ω）。

表 7-6 CPU 引脚电压与压缩机运行电流对应关系

运 行 电 流	CPU ㉞ 脚电压	运 行 电 流	CPU ㉞ 脚电压
1A	0.2V	3A	0.6V
6A	1.2V	8A	1.6V

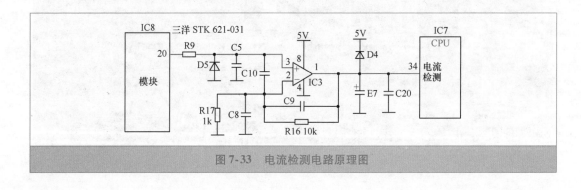

图 7-33 电流检测电路原理图

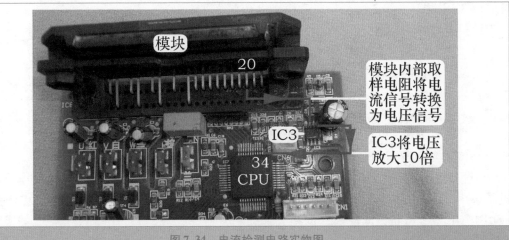

图7-34 电流检测电路实物图

3. 模块电流取样电阻

图7-35 为外置模块电流取样电阻的电流检测电路原理图，图7-36 为实物图。

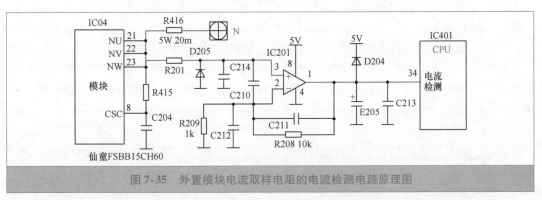

图7-35 外置模块电流取样电阻的电流检测电路原理图

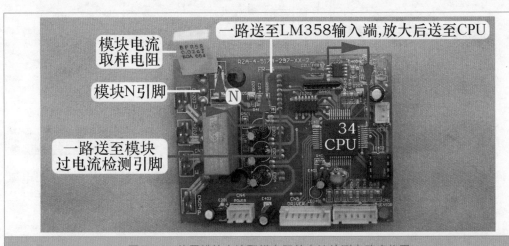

图7-36 外置模块电流取样电阻的电流检测电路实物图

目前变频空调器常用的还有日本三菱公司或美国仙童公司的模块，内部没有集成电流取样电阻，改在外部设计，使用5W无感电阻，阻值为20mΩ（即0.02Ω）左右，串接在直流300V电压负极N接线端子和模块N引脚之间。

该电阻的作用有两个：一是作为模块电流的取样电阻，将电流转化为电压信号由LM358放大后，输送至CPU作为检测压缩机运行电流的参考信号；二是作为模块短路的过电流检测电阻，将电流经RC阻容元件送至模块的CSC引脚，当压缩机运行电流过大或模块内部IGBT开关管短路时，取样电阻两端电压超过CSC引脚的阈值电压，模块内部SC（过电流）保护电路控制驱动电路不再处理6路信号，由模块的FO端子输出保护信号至室外机CPU引脚，室外机CPU检测后停机进行保护，并将故障代码通过通信电路传送至室内机CPU。

➡ 说明：电路原理图和实物图选用海信KFR-26GW/11BP后期模块板。早期的模块板模块选用三洋STK621-031，由于2008年左右不再生产，替代的模块板模块改为仙童FSBB15CH60，电路只改动模块的相关部分和元器件编号。

十一、 模块保护电路

1. 作用

模块内部使用智能控制电路，不仅处理室外机CPU输出的6路信号，而且设有保护电路，其示意图见图7-37，当模块内部控制电路检测到直流15V电压过低、基板温度过高、运行电流过大或内部IGBT开关管短路引起电流过大故障时，均会关断IGBT开关管，停止处理6路信号，同时FO引脚变为低电平，室外机CPU检测后判断为"模块故障"，停止输出6路信号，控制室外机停机，并将故障代码通过通信电路传送至室内机CPU。

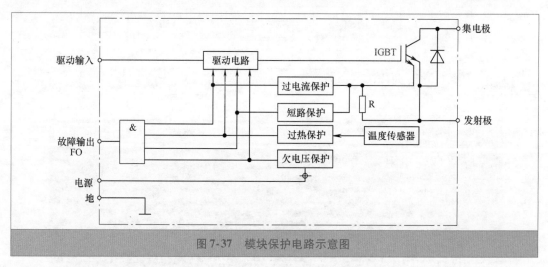

图7-37 模块保护电路示意图

1）控制电源欠电压保护：模块内部控制电路使用外接的直流15V电压供电，当电压低于直流12.5V时，模块驱动电路停止工作，不再处理6路信号，同时输出保护信号至室外机CPU。

2）过热保护：模块内部设有温度传感器，如果检测基板温度超过设定值（约110℃），模块驱动电路停止工作，不再处理6路信号，同时输出保护信号至室外机CPU。

3）过电流保护：工作时如内部电路检测IGBT开关管电流过大，模块驱动电路停止工作，不再处理6路信号，同时输出保护信号至室外机CPU。

4）短路保护：如负载发生短路、室外机 CPU 出现故障、模块被击穿时，IGBT 开关管的上、下臂同时导通，模块检测后控制驱动电路停止工作，不再处理 6 路输入信号，同时输出保护信号至室外机 CPU。

2. 工作原理

图 7-38 为模块保护电路原理图，图 7-39 为实物图。

本机模块⑲脚为 FO 保护信号输出引脚，CPU 的②脚为模块保护信号检测引脚。模块保护输出引脚为集电极开路型设计，正常情况下此脚与外围电路不相连，CPU②脚和模块⑲脚通过排阻 RA2 中代号 R1 的电阻（4.7kΩ）连接至 5V，因此模块正常工作即没有输出保护信号时，CPU②脚和模块⑲脚的电压均为 5V。

如果运行或待机时模块内部电路检测到上述 4 种保护，将停止处理 6 路信号，同时⑲脚接地，CPU②脚经电阻 R1、模块⑲脚与地相连，电压由高电平 5V 变为低电平约 0V，CPU 内部电路检测后停止输出 6 路信号，停机进行保护，并将故障代码通过通信电路传送至室内机 CPU。

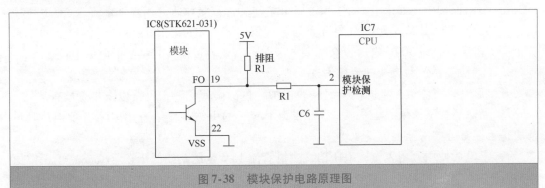

图 7-38　模块保护电路原理图

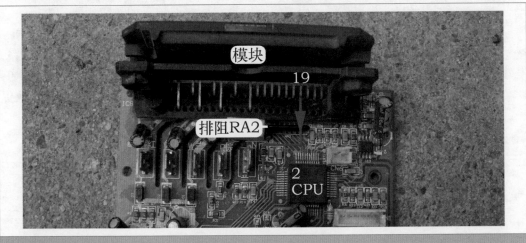

图 7-39　模块保护电路实物图

3. 电路说明

三洋 STK621-031 模块内部保护电路工作原理和三菱 PM20CTM60 模块基本相同，只不过本机模块内部接口电路使用专用芯片，可以直接连接 CPU 引脚，中间不需要光耦合器；而三菱 PM20CTM60 属于第二代模块，引脚不能和 CPU 相连，中间需要光耦合器传递信号。

三菱第三代和后续系列模块内部接口电路也使用专用芯片，同样可以直接连接 CPU 引脚，和本机模块相同。

4. 测量模块 4 种保护时的注意事项

测量时使用万用表直流电压挡。

1）欠电压保护中，控制电压直流 15V 如果一直低于 12.5V 即处于欠电压保护，则模块⑲脚一直为低电平，室外机 CPU②脚也一直为低电平 0V。

2）过热保护中，模块基板的温度高于保护值 110℃时，模块⑲脚为低电平，模块不再处理 6 路信号（室外机 CPU 检测后也不再输出 6 路信号），模块温度会逐渐下降，低于约 100℃时，⑲脚恢复为高电平。

3）过电流保护中，模块内部电路检测到电流过大，⑲脚输出低电平后，室外机 CPU 控制立即停机，因此⑲脚的低电平电压一般测量不出来。

4）短路保护中，如果上、下桥臂的 IGBT 开关管直接导通，相当于直流 300V 电压短路，室外机上电时 PTC 电阻因电流过大处于开路状态，室外机电控系统无供电；即使是单个桥臂击穿，直流 300V 电压也会降低，因此不需要测量模块⑲脚的低电平电压。

5. "模块保护"故障代码检修方法

开机后室外机停机，室内机报"模块保护"的故障代码时，可按以下步骤检查。

1）断电后拔下模块 P、N、U、V、W 5 个端子的引线，使用万用表二极管档，测量模块是否正常，如击穿则更换模块。

2）上电后使用万用表直流电压档，测量直流 15V 电压，如低于正常值或高于正常值应检查开关电源电路。

3）如开机时压缩机起动后室外机立即停机，室内机报故障代码，应拔下压缩机的 3 根引线，再次上电开机，检查故障代码内容，仍报"模块保护"的故障代码，为模块故障；如改报"无负载"的故障代码，为压缩机卡缸或线圈短路损坏，可更换压缩机试机。

➡ 说明：室外机 CPU 只有一个检测压缩机顶部温度的引脚，压缩机卡缸或线圈短路，室外机 CPU 不能直接判断，只能依靠模块间接判断。如果压缩机卡缸或线圈短路损坏，起动时则会引起模块电流过大，模块⑲脚 FO 输出低电平，室外机 CPU 判断为"模块保护"，因此检修"模块保护"故障时，应检查压缩机是否损坏。

十二、 指示灯电路

1. 作用

该电路的作用是显示室外机电控系统的工作状态，本机只设计 1 个指示灯，只能以闪烁的次数表示相关内容。

室外机指示灯控制程序：待机状态下以指示灯闪烁的次数表示故障内容，如闪烁 1 次为室外环温传感器故障，闪烁 5 次为通信故障；运行时以闪烁的次数表示压缩机限频因素，如闪烁 1 次表示正常运行（无限频因素），闪烁 2 次表示电源电压限制，闪烁 5 次表示压缩机排气管温度限制。

➡ 说明：一个指示灯显示故障代码时，上一个显示周期和下一个显示周期中间有较长时间的间隔，而闪烁时的间隔时间则比较短，可以看出指示灯闪烁的次数；如果室外机主板设有两个或两个以上指示灯，则以亮、灭、闪的组合显示故障代码。

2. 工作原理

图 7-40 左图为指示灯电路原理图，图 7-40 右图为实物图。

CPU 的⑫脚驱动指示灯点亮或熄灭，引脚为高电平 4.5V 时，指示灯熄灭；CPU 引脚为低电平 0.1V 时，指示灯 LED1 两端电压为 1.7V，处于点亮状态；CPU⑫脚电压为0.1V ~ 4.5V ~ 0.1V ~ 4.5V 交替变化时，指示灯表现为闪烁显示，闪烁的次数由 CPU 决定。

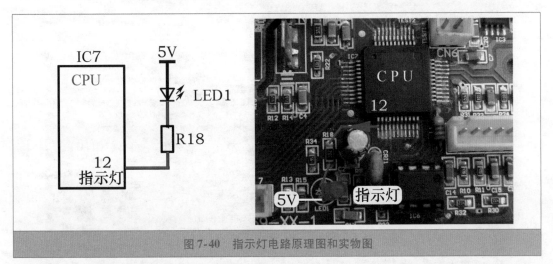

图 7-40 指示灯电路原理图和实物图

十三、 主控继电器电路

1. 作用

主控继电器为室外机供电，并与 PTC 电阻组成延时防瞬间大电流充电电路，对直流 300V 滤波电容充电。上电初期，交流电源经 PTC 电阻、硅桥为滤波电容充电，其直流 300V 电压为开关电源电路供电，开关电源电路工作后输出电压，其中的一路直流 5V 为室外机 CPU 供电，CPU 工作后控制主控继电器触点闭合，由主控继电器触点为室外机供电。

2. 工作原理

图 7-41 为主控继电器电路原理图，图 7-42 为实物图，电路由 CPU⑨脚、限流电阻 R14、反相驱动器 IC03 的⑤和⑫脚以及主控继电器 RY01 组成。

CPU 需要控制 RY01 触点闭合时，⑨脚输出高电平 5V 电压，经电阻 R14 限流后电压为直流 2.5V，送到 IC03 的⑤脚，使反相驱动器内部电路翻转，⑫脚电压变为低电平（约 0.8V），主控继电器 RY01 线圈两端电压为直流 11.2V，产生电磁吸力，使触点 3-4 闭合。

CPU 需要控制 RY01 触点断开时，⑨脚为低电平 0V，IC03 的⑤脚电压也为 0V，内部电路不能翻转，⑫脚与地断开，RY01 线圈两端电压为直流 0V，由于不能产生电磁吸力，触点 3-4 断开。

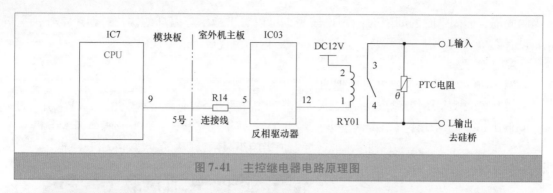

图 7-41　主控继电器电路原理图

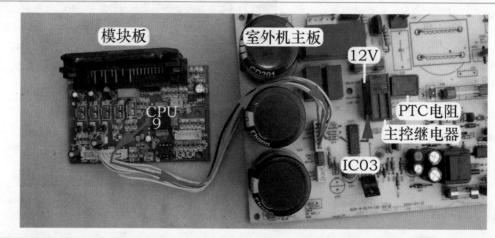

图 7-42　主控继电器电路实物图

十四、　室外风机电路

图 7-43 为室外风机电路原理图，图 7-44 为实物图，该电路的作用是驱动室外风机运行，为冷凝器散热。

室外机 CPU 的⑥脚为室外风机高风控制引脚，⑦脚为低风控制引脚，由于本机室外风机只有一个转速，实际电路只使用 CPU⑥脚，⑦脚空闲。电路由限流电阻 R12、反相驱动器 IC03 的③和⑭脚、继电器 RY03 组成。

室外风机电路工作原理和主控继电器驱动电路基本相同，需要控制室外风机运行时，CPU 的⑥脚输出高电平 5V 电压，经电阻 R12 限流后为直流 2.5V，送至 IC03 的③脚，反相驱动器内部电路翻转，⑭脚电压变为低电平约 0.8V，继电器 RY03 线圈两端电压为直流 11.2V，产生电磁吸力使触点 3-4 闭合，室外风机线圈得到供电，在电容的作用下旋转运行，为冷凝器散热。

室外机 CPU 需要控制室外风机停止运行时，⑥脚变为低电平 0V，IC03 的③脚也为低电平 0V，内部电路不能翻转，⑭脚与地断开，RY03 线圈两端电压为直流 0V，由于不能产生电磁吸力，触点 3-4 断开，室外风机因失去供电而停止运行。

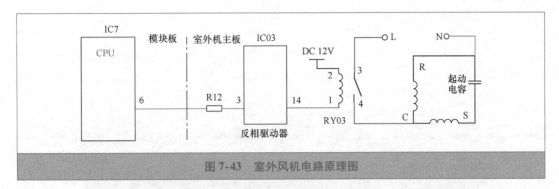

图 7-43　室外风机电路原理图

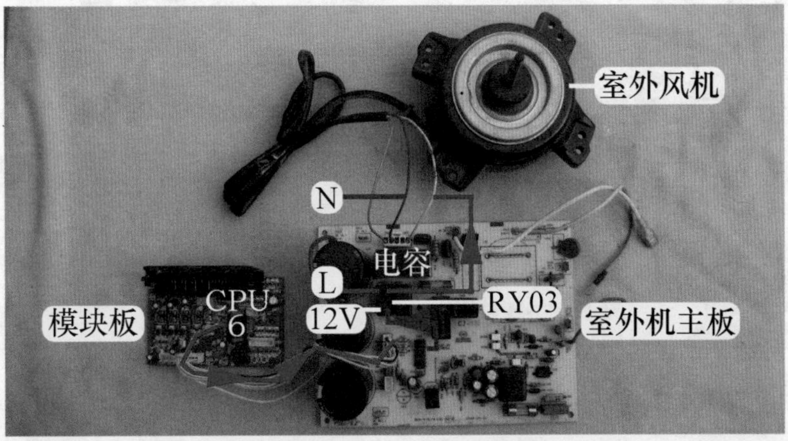

图 7-44　室外风机电路实物图

十五、　四通阀线圈电路

1. 工作原理

图 7-45 为四通阀线圈电路原理图，图 7-46 为实物图，该电路的作用是控制四通阀线圈的供电与断电，从而控制空调器工作在制冷或制热模式。控制电路由 CPU⑧脚、限流电阻 R13、反相驱动器 IC03 的④和⑬脚、继电器 RY02 组成。

室内机 CPU 根据遥控器输入信号或应急开关信号，处理后需要空调器工作在制热模式时，将控制命令通过通信电路传送至室外机 CPU，其⑧脚输出高电平 5V 电压，经电阻 R13 限流后约为直流 2.5V，送到 IC03 的④脚，反相驱动器内部电路翻转，⑬脚电压变为低电平约 0.8V，继电器 RY02 线圈两端电压为直流 11.2V 左右，产生电磁吸力使触点 3-4 闭合，四通阀线圈得到交流 220V 电源，吸引四通阀内部磁铁移动，在压力的作用下转换制冷剂流动的方向，使空调器工作在制热模式。

当空调器需要工作在制冷模式时，室外机 CPU⑧脚为低电平 0V，IC03 的④脚电压也为 0V，内部电路不能翻转，IC03⑬脚与地断开，RY02 线圈两端电压为直流 0V，由于不能产生电磁吸力，触点 3-4 断开，四通阀线圈两端电压为交流 0V，对制冷系统中制冷剂流动方向的改变不起作用，空调器工作在制冷模式。

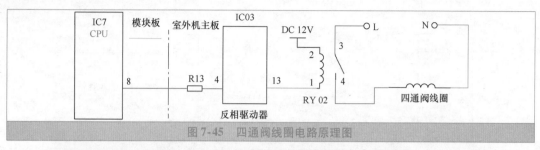

图 7-45　四通阀线圈电路原理图

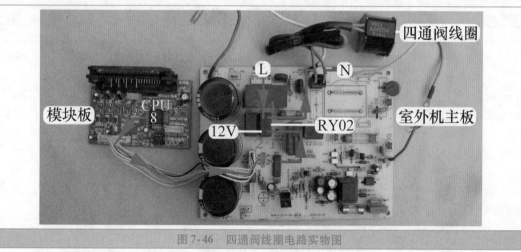

图 7-46　四通阀线圈电路实物图

2. 安装位置

　　四通阀线圈安装在四通阀阀体表面，测量线圈时使用万用表电阻档，见图 7-47，表笔直接测量插头两端，正常阻值约 1.3kΩ。

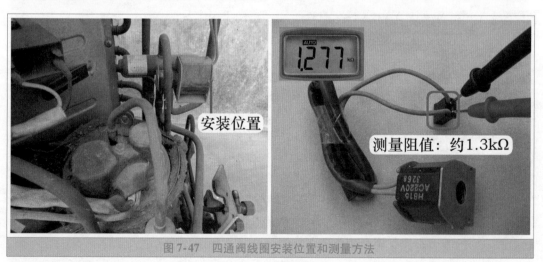

图 7-47　四通阀线圈安装位置和测量方法

十六、　6 路信号电路

1. 基础知识

本机模块的型号为三洋 STK621-031（最大工作电流为 15A、最高工作电压为 600V），模块输出端有 U、V、W 3 个端子，每个输出端对应一组桥臂，每组桥臂由上桥（P 侧）和下桥（N 侧）组成，因此信号输入端子有 6 路，分别是 U＋、U－、V＋、V－、W＋、W－。U＋、V＋、W＋输入的信号控制 3 个上桥（即 P 侧）IGBT 开关管，U－、V－、W－输入的信号控制 3 个下桥（即 N 侧）IGBT 开关管。

由于模块有 6 个输入端子，因此室外机 CPU 有 6 个输出信号端子和模块的 6 个输入端子直接连接。

2. 6 路信号工作流程（见图 7-48）

① 室外机 CPU 输出 6 路信号→②模块放大信号→③压缩机运行。

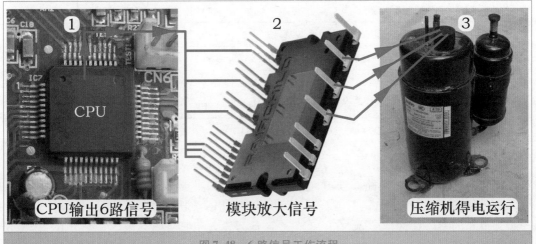

图 7-48　6 路信号工作流程

3. 三洋 STK621-031 引脚功能

STK621-031 实物外形见图 7-49，是最早应用在变频空调器中的单电源模块之一，引脚较少且在一侧排列，由于早期技术的限制，体积相对较大，目前已停产，表 7-7 为 STK621-031 三洋模块的引脚功能。

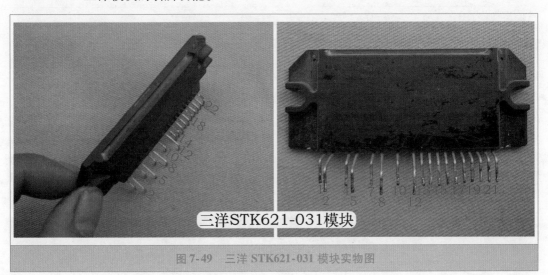

图 7-49　三洋 STK621-031 模块实物图

表 7-7　STK621-031 模块引脚功能

引脚	符号	功　　能	备　　注	引脚	符号	功　　能	备　　注
①	VB1	U 相驱动电源正极	HVIC 供电引脚	⑬	HIN1	U 相上桥驱动信号	驱动 3 个上桥 IGBT
④	VB2	V 相驱动电源正极		⑭	HIN2	V 相上桥驱动信号	
⑦	VB3	W 相驱动电源正极		⑮	HIN3	W 相上桥驱动信号	
②	U	U 相输出端子	接压缩机线圈	⑯	LIN1	U 相下桥驱动信号	驱动 3 个下桥 IGBT
⑤	V	V 相输出端子		⑰	LIN2	V 相下桥驱动信号	
⑧	W	W 相输出端子		⑱	LIN3	W 相下桥驱动信号	
⑩	P	300V 电压正极	直流 300V 电压输入	㉑	VDD	电源 15V 正极	控制电路供电
⑫	N	300V 电压负极		㉒	VSS	电源 15V 负极	
				⑳	ISO	电流检测输出	
				⑲	FAULT	模块保护输出	

注：③、⑥、⑨、⑪脚为空脚。

4. 工作原理

图 7-50 为 6 路信号电路原理图，图 7-51 为实物图。

室外机 CPU 的①、㉔、㊸、㊷、㊶、㊵共 6 个引脚输出有规律的 6 路信号，直接送至模块 IC8 的⑬、⑭、⑮、⑯、⑰、⑱的 6 路信号输入引脚，驱动内部 6 个 IGBT 开关管有规律的导通与截止，将⑩脚（P）、⑫脚（N）端子的直流 300V 电转换为频率与电压均可调的三相模拟交流电压，由②脚（U）、⑤脚（V）、⑧脚（W）3 个端子输出，驱动压缩机高频或低频的任意转速运行。

由于室外机 CPU 输出 6 路信号控制模块内部 IGBT 开关管的导通与截止，因此压缩机转速由室外机 CPU 决定，模块只起一个放大信号时转换电压的作用。

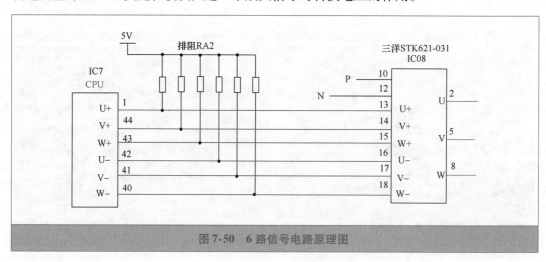

图 7-50　6 路信号电路原理图

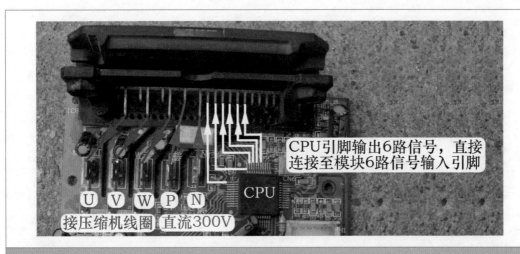

图7-51　6路信号电路实物图